郑国渠边的水文

——张家山水文站设立和发展研究

王晓斌 著

黄河水利出版社

·郑州·

内 容 提 要

秦郑国渠开创了引泾灌田的先河,其遗址位于陕西省泾阳县,2016年被列入世界灌溉工程遗产。20世纪二三十年代,为了重新利用泾河水源以扩大灌溉面积,先贤们立志修建郑国渠以后的第六代引泾灌田工程——泾惠渠。为克服修建困难,在开工前首先进行了地形测量,并设立了泾河测验断面,对水准、水位、流量、泥沙、降水量、蒸发量等项目进行了连续测量,为工程设计和施工提供了重要依据。泾惠渠建成后,为继续研究泾河水文、服务水利工作,成立了一个正式的机构——张家山水文站,测验至今。

本书依据收集的1901~2017年泾河张家山河段水文工作的启蒙、开创、发展史料,从张家山水文站的历史沿革,以及水文测量成果统计为主要研究方向,对其水文环境、水文特征、测站及沿革、水文测验、水文情报与预报、测站管理、水文人物、附录、大记事等方面进行了描述,翔实记录了张家山水文站的发展过程,使读者能从该站的变迁,了解水文测验的发展,更希望以此使水文工作者不畏艰苦、默默奉献的精神得到发扬。

本书可供水文工作者及关心泾惠渠建设的工程管理者阅读参考。

图书在版编目(CIP)数据

郑国渠边的水文:张家山水文站设立和发展研究/王晓斌著.—郑州:黄河水利出版社,2019.10
ISBN 978-7-5509-2504-5

Ⅰ.①郑…　Ⅱ.①王…　Ⅲ.①水文站-史料-陕西
Ⅳ.①P336.241

中国版本图书馆CIP数据核字(2019)第200060号

组稿编辑:王路平　电话:0371-66022212　E-mail:hhslwlp@126.com

出 版 社:黄河水利出版社　　　　　　　　　　　网址:www.yrcp.com
　　　　　地址:河南省郑州市顺河路黄委会综合楼14层　邮政编码:450003
发行单位:黄河水利出版社
　　　　　发行部电话:0371-66026940、66020550、66028024、66022620(传真)
　　　　　E-mail:hhslcbs@126.com
承印单位:虎彩印艺股份有限公司
开本:787 mm×1 092 mm　1/16
印张:8.75　　　　　　　　　　　　　　插页:16
字数:250千字
版次:2019年10月第1版　　　　　　　　　印次:2019年10月第1次印刷
定价:120.60元

不废江河万古流

白描书

作家、教授、文学教育家、书法家、玉文化学者，原鲁迅文学院
常务副院长白描老师 2017 年 10 月 8 日题

建设水文先花

弘扬郑文精神

杨诚芳并题 丁酉年

仲秋

水利电力部水文培训中心原主任、扬州大学水利学院原院长
杨诚芳教授 2017 年 10 月 28 日作

弘扬仪祉文化
传承水利精神

李星

2018-10-01

李仪祉先生的长子长孙，清华大学电子工程系博士生导师、信息网络工程研究中心副主任、电子工程系网络与人机语言通信研究所所长，中国教育和科研计算机网（CERNET）国家网络中心副主任，CERNET专家委员会成员李星教授2018年10月1日题

1901年11月中旬英国侵礼会传教士敦崇礼向美国地理学会会员弗朗西斯·亨利·尼科尔斯赠送的一张泾河张家山照片（左）与2015年8月25日同址处照片（右）

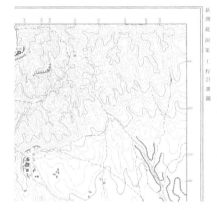

泾河张家山最早的地形图
《新测龙洞渠工程计划图》(1917
年11月陕西省水利分局)

泾河二龙王庙站流量测验（1922～1923年）
（《陕西水利局报告书》，李协，1923年）

泾河北屯站流量测验（1922～1923年）（《陕西水利局报告书》，李协，1923年）

李仪祉先生（左一）在泾惠渠施工工地（1931年）

泾惠渠建设初期的测量（陕西水利博物馆雕刻图，2014年8月28日拍摄）

　　陕西省副省长王寿森在张家山水文站调研工作（1996年12月10日），照片前左侧为王寿森了解测站情况，右侧为时任站长万宗耀进行解答（《陕西水利》1996年第六期《王副省长西府行》）

　　2012年6月20日咸阳市严维佳副市长（左二）调研张家山泉群供水项目，张家山水文站委托宋小虎（左三）解答泉群流量测量情况（咸阳水利信息网2012年6月21日水利新闻《严维佳副市长调研泾阳张家山泉群供水项目》）

2017 年 8 月 23 日陕西省水文水资源勘测局杨汉明局长（中）在张家山水文站泾河测验断面检查工作（陕西省咸阳水文水资源勘测局提供）

陕西省西安水文水资源勘测局张立新局长（中）检查张家山水文站河道设施改造（2014 年 12 月 23 日拍摄）

1932年6月20日泾惠渠放水典礼时张家山（一）断面附近照片（民国《生活画报》第3期，褚民谊拍摄）

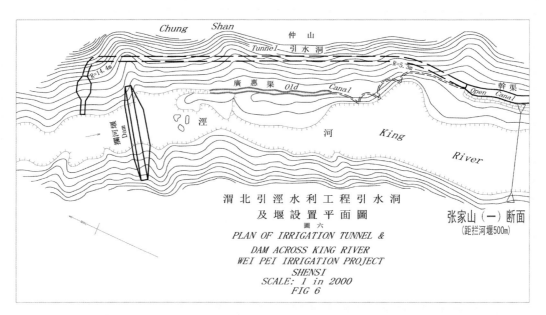

1932年张家山（一）断面位置示意图（民国陕西渭北水利工程处《渭北引泾水利工程报告》，1932年）

泾河二龙王庙河段
（1922年在此设断面测流）
（2010年2月19日拍摄）

泾河赵家桥河段（1924年
在此设断面测流）（2007年
11月15日拍摄）

泾河北屯河段(1922年、
1930年分别在此设断面测
流)(2016年8月13日拍摄)

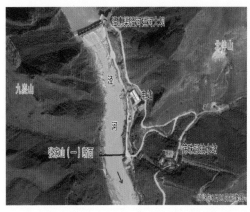

张家山（一）断面（1930 年 10 月至
1952 年 6 月 20 日使用）河道（2018 年 8
月 29 日影像图）

张家山（一）断面（1930 年 10 月至
1952 年 6 月 20 日使用）附近河势（2014
年 7 月 31 日拍摄）

张家山（一）断面（1930 年 10 月至
1952 年 6 月 20 日使用）南侧水尺（2014
年 8 月 2 日拍摄）

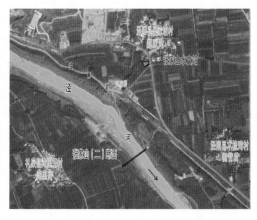

张家山（二）断面（1952 年 6 月 20
日至今使用，2018 年 8 月 29 日影像图）

张家山（二）断面吊箱和水位
计塔（2012 年 5 月 5 日拍摄）

张家山（二）断面测验河段
（2009 年 1 月 30 日拍摄）

张家山（二）断面观测水尺
和观测窑（2012 年 12 月 30 日拍摄）

张家山（二）上比降断面
（2014 年 12 月 21 日拍摄）

张家山（二）下比降断面
（2014 年 12 月 21 日拍摄）

张家山（二）断面汛后河床上的细沙
（2014 年 12 月 21 日拍摄）

张家山（二）断面附近的石头
（2014 年 12 月 21 日拍摄）

张家山（二）断面观测窑
（2013 年 6 月 30 日拍摄）

张家山水文站汛前维护主索
（2015 年 5 月 14 日拍摄）

张家山水文站非汛期吊箱测流
（1998 年 5 月 1 日拍摄）

2003 年 8 月 26 日洪水中张家山水
文站利用夜明浮标测流（陕西省水文水
资源勘测局《尖兵本色——发展中的陕
西水文》宣传册）

2003 年 8 月 26 日泾河洪水经过
张家山水文站断面（陕西省水文水资
源勘测局《尖兵本色——发展中的陕
西水文》宣传册）

张家山水文站汛期吊箱测流（2010 年 7 月 24 日拍摄）

泾河张家山水文站泥沙水样称
重（2015 年 8 月 13 日，杨晓锋拍摄）

张家山泉群汇集流量测量
（2011 年 7 月 9 日拍摄）

泾河张家山水文站泥沙
采样（拍摄于 1992 年汛期，
张菊霞 2015 年提供）

民国时期的流速仪（白描 2018 年提供）

目前使用的 LS25-3 型流速仪

2015 年 8 月 13 日汛期张家山水文站手持式电波流速仪（Stalker Ⅱ SVR，美国产）系数试验

李仪祉设计的悬移质泥沙采样器（约 1923 年）（存于陕西水利博物馆，2014 年 8 月 28 日拍摄）

张家山水文站目前使用的采样器（2015 年 9 月 24 日拍摄）

陕西渭北水利局职员摄影

王南轩	刘鐘瑞（辑五）	胡步川（竹铭）	李百龄	张鐘灵（子麟）
测量员	陆测量队长	水测量队长	测量员	测量员

袁敬亭（虞光）	段惠诚（惠臣）	王玉山（岷生）	李仲三	范卓甫（克文）	胡润民（兆慶）	蔡维荣
测量员	测量员	庶务	总办	文牍	测量员	测量员

　　陕西渭北水利局职员摄影（1922～1923年）（《陕西水利局报告书》，李协，1923年，其中胡步川为水队"水文测量"队长，刘钟瑞为陆队"地形测量"队长，两人均负责了泾河张家山河段的水文测验）

　　张家山水文站石房摄影留念（1953年6月1日拍摄，胡步云提供，前为胡步云，二排左为杨天禄，推自行车者为泾惠渠工作人员，后站立者为张家山水文站（泾惠渠张家山管理处）原站长（主任）岳建业）

1953 年 6 月 1 日张家山水文站石房前合影（右为张家山水文站原站长岳建业，左为胡步云。胡步云 2017 年提供）

1953 年泾惠渠管理局下属泾河张家山水文站和泾惠渠张家山水库管理处职工于泾惠渠一号闸合影（最上方为水文站职工杨天禄，最下方为胡步云，其余为管理处职工。胡步云 2017 年提供）

民国时期张家山水文站（二龙王庙）办公地点遗址（2014 年 6 月 11 日拍摄）

　　1990 年 6 月张家山水文站职工合影（前排左为前任站长李养民、中为蔡彦峰、右为时任站长张书信，后排左一为王海山、左二为张向阳、左三为继任站长王君善、左四为任惠民，拍摄地点：张家山水文站站院，张向阳提供）

　　2016 年 12 月 20 日张家山水文站和泾惠渠张家山水库管理处职工合影（左侧四人为张家山水文站职工，其余为张家山水库管理处职工，拍摄地点：泾惠渠张家山水库管理处泾惠渠测验断面旁）

中华人民共和国成立初期张家山水文站三龙王庙办公地点（2007 年 1 月 21 日拍摄）

张家山水文站赵家沟办公地点（1999 年 11 月拍摄）

张家山水文站赵家沟办公地点（2015 年 12 月 16 日拍摄）

张家山水文站站院
（1999 年 11 月 12 日拍摄）

张家山水文站宿办楼
（2013 年 9 月 13 日拍摄）

经过 2014 年改造后的张家
山站气象场和办公楼（2014 年
5 月 31 日拍摄）

张家山（二）上比降断面附近观测窑（1968年修建，1999年11月12日拍摄）

张家山（二）断面观测窑（1974年修建，2014年12月31日拍摄）

张家山（二）断面观测房和上比降断面附近的浮标房（2007年12月31日拍摄）

张家山（二）断面改造后的观测房（2015年9月24日拍摄）

泾惠渠渠首自动水位断
面处雷达波水位计（2014 年
7 月 26 日拍摄）

泾惠渠渠首野狐桥测验断面（2014 年 8 月 26 日拍摄）

《测水量水》（陕西省泾惠渠管理局）

张家山水文站和张家山水库管
理处联合测量泾惠渠引水支渠流量
（2015 年 6 月 8 日拍摄）

张家山水文站职工参与泾河东庄水库东庄(一)水位站设立现场（2013年8月17日拍摄）

张家山水文站职工参与泾河东庄水库东庄（二）水文站雷达波水位计比测（2013年8月10日拍摄）

张家山水文站职工参与东庄水库前山嘴（二）水文站流量测验（2013年8月11日拍摄）

民国通远坊雨量站所在地——通远坊天主教堂

通远坊天主教堂院子中的宣传栏（其中有对建立气象站的描述）（2016年3月4日拍摄）

现今的通远坊雨量站
（2013年7月27日拍摄）

通远坊天主教堂的房子
（2016年3月4日拍摄）

崇文雨量站设备检查（2016 年 4 月 4 日拍摄）

1953 年张家山水文站采用的报汛办法

报汛用 80C 电台（2007 年 8 月 26 日拍摄）

水情信息电话（2009 年 10 月 1 日拍摄）

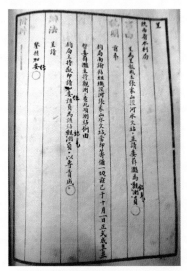

1934年10月5日泾惠渠管理局第1708号呈报陕西省水利局"成立张家山泾河水文站，并请委薛滟为观测员、站长"的文件

1934年10月12日陕西省水利局委任状第85号"委任薛滟为本局泾河张家山水文站站长此状"

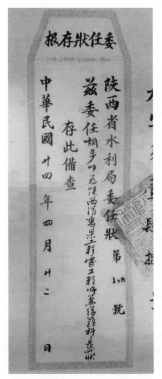

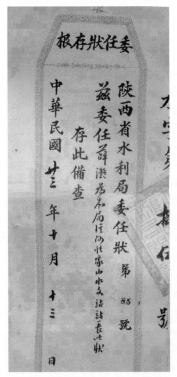

1935年4月22日陕西省水利局任命胡步川为陕西渭惠渠工程处工程师兼总务科长的委任状存根

1934年10月13日陕西省水利局任命薛滟为泾河张家山水文站站长的委任状存根

1936年6月陕西省水利局任命岳建业为泾河张家山水文站站员的委任状存根

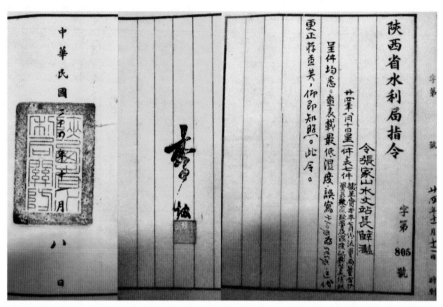

1935 年 11 月 8 日盖有陕西省水利局局长李协（李仪祉）印鉴
指令张家山水文站资料校核的文件

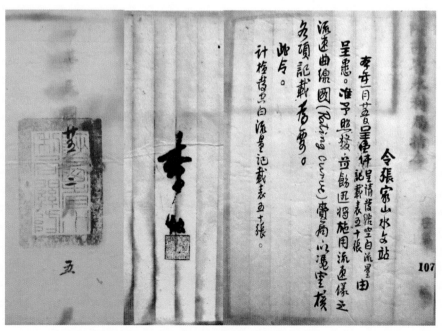

1936 年 2 月 5 日盖有陕西省水利局局长李协（李仪祉）
印鉴让张家山水文站领取水文记载表的指令

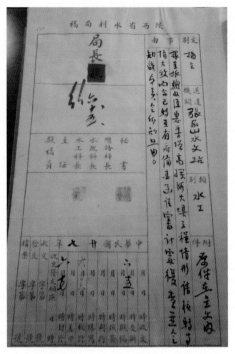

1938 年 6 月 6 日张家山水文站站长薛滟给陕西省水利局上报增高泾河大坝工程计划的文件

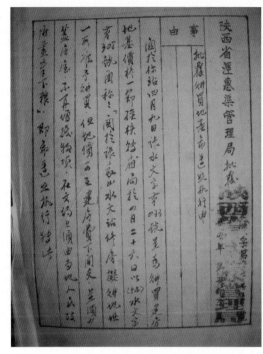

1954 年 5 月 6 日泾惠渠管理局对张家山水文站赵家沟征地的批复

1953 年 5 月 26 日陕西省水利局对张家山水文站站长的任命函

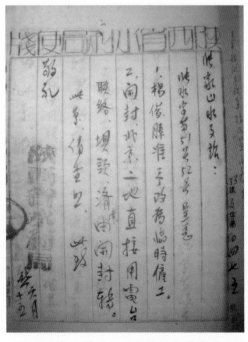

1953 年 6 月 15 日陕西省水利局对张家山水文站工作安排的文件

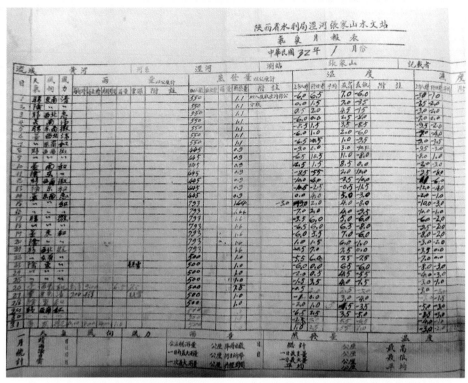

1943 年 1 月陕西省水利局泾河张家山水文站气象月报表

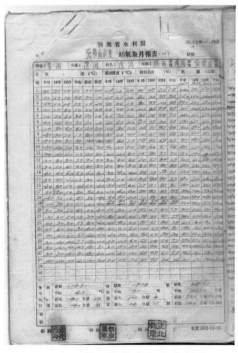

1953 年 2 月张家山水文站气象月报表（一）

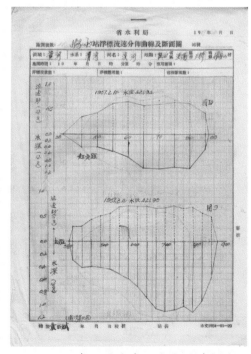

1957 年 2 月张家山水文站浮标流速分布曲线及断面图

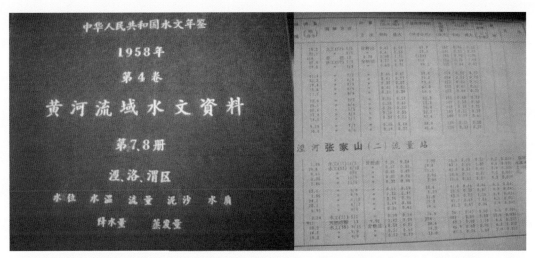

1958 年收录在《中华人民共和国水文年鉴》中的张家山水文站水文资料成果

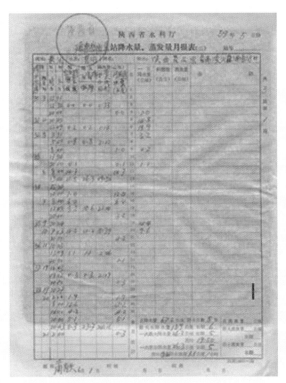

1959 年 5 月通远坊雨量站记录
（盖有"陕西省通远坊雨量站"公章）

1957 年 11 月周陵雨量站记录
（该站后来被咸阳气象站代替）

1987年宋丰利渠（陕西省水文总站《北宋丰利渠渠首水则是我国测水尺发展史上一座杰出的里程碑》）

宋丰利渠水尺（《陕西省水文志》）

宋丰利渠（2013年5月9日拍摄）

刻画有"1933年洪水到石脚"的卧牛石侧面（左）、上面（右）照片（2012年7年15日拍摄）

序

水文工作是各项水利工作的基础,水文测验是水文工作的核心。泾河张家山段是陕西省最早开展现代水文测验的地方,也是黄河流域较早的水文站之一。黄河干流在1918~1932年曾经陆续建成过8座水文站,但都维持不下去,不久就撤销了。直到1933年黄河水利委员会成立以后,黄河干流及陕西省境内支流上的水文站才有大的增加。1922年10月,为修建引泾工程,陕西渭北水利工程局李仪祉总工程师在今陕西省泾阳县王桥镇岳家坡村张家山附近的二龙王庙(现张家山水文站断面以上1.4 km处)及北屯渡口(现断面下游5.1 km处)设立水文测验断面,开始水位、流量、泥沙等要素的测验,这是张家山水文站测验工作的起步。张家山水文站经历了二龙王庙、北屯、水磨桥、张家山、张家山(二)站名的变化发展至今。

近百年过去了,有140多名水文工作者先后参与了泾河张家山水文站的水文测验工作,从1932年1月起至今保存有完整的水文资料,翔实记录了泾河的水文变化,为泾河水利开发、防汛抗旱等工作提供了可靠依据。

现张家山水文站断面以下1 500 m处是公元前246年秦代兴修的郑国渠渠首遗址,基本断面以下300 m处是开凿于公元前95年汉代白渠渠首遗址,基本断面以上3 200 m之内分布着宋代丰利渠、元代王御史渠、明代广惠渠和通济渠、清代龙洞渠等古渠引水口遗址及民国时期修建的泾惠渠渠首。

张家山水文站职工每天都会跨越宋代引泾工程丰利渠的遗址去泾河边测验。随着陕西省水文工作的不断发展,"创新引领,巡测优先,驻巡结合,测报自动,应急补充,科学规范"的监测管理体系的建立,水文测站的工作模式、工作环境、测验方式都发生了很大变化,很多测验项目被自动化仪器取代,水文基本测验工作不再是艰难、危险的工作了。很多测验场景、一些测量仪器都一去不返,退出了历史舞台。但是,水文人艰苦奋斗、敬业奉献的精神却一直传承下来,因此记录这个过程实在是十分珍贵的。

《郑国渠边的水文》书稿交到我手上的时候,开始并没有吸引我太多的注意,但因为和我研究郑国渠的兴趣有关,因此比较多地留意了作者的研究切入点以及原始资料的收集和整理等方面的内容,结果使我大吃一惊,很快就对作者王晓斌先生刮目相看了。他先后在张家山水文站工作了14年,并在此担任站长8年,对张家山水文站有着深厚的感情。他从2009年开始收集资料,用了近10年时间,走访多家单位查阅资料,参考了200多部和泾河及张家山水文站相关的书籍、论文、资料成果,请教了几十位在张家山水文站工作过的退休老职工、民国时期水文站负责人的后人及相关人员。通过翻阅几百万字的资料,拍照、扫描、摘抄了大量的图表、文字,对其中很多图表重新进行电子化编辑,对张家山水文站测验资料进行了汇总分析。从1841年起,特别是从1917~2017年对与泾河张家山水文站相关的大事进行了较完整的记录,较翔实地反映了泾河张家山水文站的发展过程。这项研究工作从水文的角度更进一步地为郑国渠、泾惠渠以及泾河水文史的研究增加了新的成果。

王晓斌先生的敬业精神令人钦佩,他在日常枯燥的水文测验工作过程中自得其乐,广泛地收集资料,实地勘察,寻找前人的工作足迹,使自己从单纯的工作进一步上升为深入研究的兴趣爱好。

张家山水文站的发展是陕西水文发展的一个缩影,这本书对该站发展的全面记录也在同类书籍中鲜见,几代人对泾河水文工作的默默奉献跃然纸上,为弘扬水文艰苦奋斗的精神起到推动作用。真希望我们的水文职工能够涌现出更多有研究兴趣的有心人,这将会更好地推进水文事业的发展。

蒋超

2019 年 4 月 16 日

序作者简介

蒋超,原中国水利学会水利史研究会副会长兼秘书长,现《中国水利史典》专家委员会副主任,多年研究郑国渠。

前 言

张家山水文站为泾河下游干流控制站,位于陕西省泾阳县王桥镇岳家坡村赵家沟,系国家重要站,隶属陕西省水文水资源勘测局管理。公元前95年《前汉书》中记述,"泾水一石,其泥数斗",这是最早对泾河水文现象的记载。

西汉司马迁(公元前145年~约公元前87年)《史记·河渠书》中记载:"而韩闻秦之好兴事,欲罢之,毋令东伐,乃使水工郑国间说秦,令凿泾水,自中山西邸瓠口为渠,并北山,东注洛三百余里,欲以溉田。中作而觉,秦欲杀郑国。郑国曰:'始臣为间,然渠成亦秦之利也。'秦以为然,卒使就渠。渠就,用注填阏(è)之水,溉泽卤之地四万余顷,收皆亩一钟。于是关中为沃野,无凶年,秦以富强,卒并诸侯,因命曰郑国渠。"这是张家山水文站旁这条古老渠道的最早描述。

现张家山水文站基本断面以下1 500 m处是公元前246年秦代兴修的郑国渠渠首遗址,基本断面以下300 m处是开凿于公元前95年的汉代白渠渠首遗址,基本断面以上3 200 m之内分布着宋代丰利渠、元代王御史渠、明代广惠渠和通济渠、清代龙洞渠等古渠引水口遗址及民国时期修建的泾惠渠渠首。

张家山水文站基本断面以上2 144 m处有公元1110年建成的宋丰利渠渠首,其石壁设有石刻水则,尺寸刻划与近代水尺相似,至今仍清晰可辨。这些遗迹足以证明人们对泾河水文特性的认识随着兴修水利、防洪需要越来越深入。

水文工作是各项水利工作的基础,水文测报又是水文工作的核心。泾河张家山段是陕西省最早开展现代水文的地方,现今张家山水文站职工每天都会跨越宋代引泾工程丰利渠的渠道遗址去泾河边测验。2009年陕西省水文水资源勘测局提出了"业务立局、科技兴局、人才强局和开放式办水文"的事业发展思路;2015年12月,陕西省水文水资源勘测局为加快水文事业改革发展,推进水文测验方式改革和创新,确定加快形成"创新引领,巡测优先,驻巡结合,测报自动,应急补充,科学规范"的监测管理体系。在这些发展方针指引下,张家山水文站工作发生了很多变化。

同时,陕西省水文水资源勘测局近年来加大了对张家山水文站的改造建设,职工有了舒适的住宿环境,有了标准的气象场,泾河洪水的测验设施也进行了自动化改造,河道观测房得到重修,职工在洪水测验时有了休息的地方。经过改造,张家山水文站面貌焕然一新,职工精神振奋。

笔者曾为张家山水文站站长,为工作方便于2009年编辑成《张家山水文站考证》;随着内容不断扩充,2015年改名为《张家山水文站志》;受时任陕西省西安水文水资源勘测局张立新局长建议启发,2017年更名为《郑国渠边的水文》,从而形成了这本张家山水文站设立和发展的报告,经过不断完善,终于在2019年6月定稿。其间翻阅了几百万字的资料,拍照、扫描、摘抄了大量的图表、文字,对很多图表重新进行了电子化编辑,力求翔实反映张家山水文站整个发展过程。

　　《郑国渠边的水文》依据 1901～2017 年泾河张家山河段水文工作的开创、水文机构的设立和发展史料，以张家山水文站的历史沿革以及水文测验资料成果为主要研究方向，分水文环境、水文特征、测站及沿革、水文测验、水文情报、测站管理、水文人物、附图、附表、大记事等。碍于水平有限，还有很多疏漏，资料统计及大事记截至 2017 年。希望读者能从张家山水文站的变迁，了解水文测验的发展，更希望以此使水文工作者不畏艰苦、默默奉献的精神得到宣传和发扬。

作　者

2019 年 8 月

目 录

序 .... 蒋　超

前　言

概　述 .... （1）

第一章　水文环境 .... （2）

　　第一节　河流概况 .... （2）

　　第二节　自然地理 .... （3）

　　第三节　河系特征 .... （4）

　　第四节　河源及河口 .... （4）

　　第五节　水利工程及河流利用情况 .... （5）

第二章　水文特征 .... （9）

　　第一节　暴　雨 .... （9）

　　第二节　洪　水 .... （9）

　　第三节　历年水文测验特征值 .... （14）

第三章　测站及沿革 .... （18）

　　第一节　建制沿革 .... （18）

　　第二节　属站沿革 .... （24）

　　第三节　陕西省泾惠渠管理局张家山水库管理处 .... （28）

第四章　水文测验 .... （31）

　　第一节　测验河段 .... （31）

　　第二节　测验断面布设及其变动情况 .... （31）

　　第三节　河道测验基本设施 .... （33）

　　第四节　观测项目及时段 .... （35）

　　第五节　水　质 .... （37）

　　第六节　泥　颗 .... （38）

第五章　水文情报 .... （39）

　　第一节　水情工作历程 .... （39）

　　第二节　泾河张家山站以上洪水测报控制情况 .... （39）

　　第三节　泾河张家山站上游控制站 .... （40）

　　第四节　报汛任务 .... （41）

第六章　测站管理 .... （43）

　　第一节　测站房屋情况 .... （43）

　　第二节　土地来源 .... （45）

　　第三节　交通、通信、水电 .... （47）

第四节　站务管理 ·· (48)

第七章　水文人物 ·· (54)

附　图 ·· (66)

附　表 ·· (72)

大事记（1901～2017） ······································· (77)

参考资料 ·· (130)

后　记 ·· (132)

概　述

1110 年(宋大观四年)设立的丰利渠水则,位于泾惠渠大坝以下 1 056 m 处,在石渠遗址上遗留有水尺痕迹,距现张家山水文站基本断面 2 144 m。

1920 年,高陵县通元坊天主教修道院院长戴夏德(意大利人)建高陵通远坊雨量站,装有温度计、湿度计、风向仪、雨量筒,为陕西近代最早雨量站,该站于 1958 年重新设立,并由张家山水文站管理。

1922 年 10 月,为修建泾惠渠,陕西渭北水利工程局在今陕西省泾阳县王桥镇岳家坡村张家山附近的二龙王庙(现张家山水文站断面以上 1.4 km 处)及北屯渡口(现断面下游 5.1 km 处)设立水文测验断面,当年 11 月开始进行水位、流量测验。1923 年 3 月,陕西省水利分局设岳家坡雨量站(距现观测场 0.85 km)。1924 年,在二龙王庙断面开始施测含沙量。随时局变化,后陆续停测。1930 年 9 月,泾惠渠施工建设,中国华洋义赈救灾会工程股在水磨桥(距现断面 2.7 km)设河、渠测验断面,站名为泾阳水标站,恢复水文测验,从当年 10 月开始测验,资料名称为张家山(一),自 1932 年 1 月起保留有连续的水文记载。1932 年 8 月,泾阳水标站移交给陕西省水利局。1934 年 10 月,正式成立张家山水文站,陕西省水利局任命薛滟为站长。因抗日战争 1938 年 10 月奉令结束,除水位由泾惠渠张家山管理处代为观测外,其他测验项目均停止。1942 年恢复流量测验,1945 年后又停测。

1951 年 4 月,奉陕西省水利局令正式恢复测站;1952 年,断面下迁于岳家坡村赵家沟泾河段,资料名称为张家山(二);1953 年,陕西省水利局正式任命田新改为站长,至此张家山水文站测报工作环境固定至今。其中,1934 年 10 月至 1952 年 6 月归泾惠渠管理局领导;1952 年 7 月至 1962 年 12 月为泾惠渠管理局和陕西省水文总站双重领导,其间 1958 ~ 1962 年设张家山中心站指导周围多个水文站业务工作;1963 年 1 月起归陕西省水文总站领导;1995 年 6 月起归陕西省水文水资源勘测局领导。

第一章 水文环境

第一节 河流概况

泾河发源于宁夏回族自治区泾源县六盘山东侧马尾巴梁,有汭河、洪川河和蒲河等汇入,陕甘交界处汇入最大支流马莲河,后在陕西境内先后又有黑河、三水河和泔河等大小支流汇入,在西安市高陵区船张村附近汇入渭河。

泾河全长 455.1 km,流域面积 45 421 km²,流域呈扇形(见图 1-1),各支流均处于六盘山以东暴雨区。暴雨移动路径与支流汇入走向一致,从西南经嘉陵江河谷输送的水汽在翻越秦岭后,继续向东北移动,常在六盘山两侧及子午岭两侧形成西南—东北向的大面积带状暴雨区,使泾河上游支流洪水频繁,量级高,遭遇机会多,是洪水易发区和洪峰流量高值区。

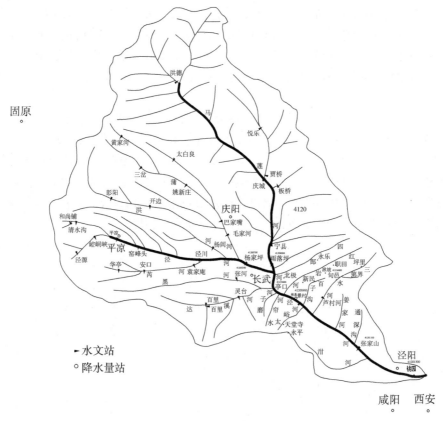

图 1-1 泾河水系示意图

一、泾河全河情况

（一）上游段

甘肃省宁县政平以上为上游段,大部分位于甘肃、宁夏境内,陕西省长武县汤渠到甘肃省宁县政平段为陕甘界河。

（二）中游段

甘肃省宁县政平至陕西省泾阳县张家山为中游段。其中又可分为三段,甘肃省宁县政平到陕西省长武县亭口段,河流切入砂页岩层,谷道狭窄,曲流发育;长武县亭口到彬州市早饭头段,谷地比较平坦,阶地发育,谷宽 1 000～1 200 m,彬州市城区附近宽达 2 700 m,河床平缓,比降为 2%～7%,跌水少,多沙滩,河床为沙卵石组成;彬州市早饭头到泾阳县张家山段,河流穿行于三叠、二叠系砂页岩及寒武奥陶系灰岩峡谷中,峡谷长 100 km,谷窄崖陡,曲流十分发育,河道多跌水险滩,落差 3～7 m,险滩多为孤石及连山石梁所构成。

（三）下游段

泾阳县张家山至西安市高陵区泾河入渭口为下游段,本段为关中冲积平原,水流平稳,河段平均比降 1%。张家山至船头段,上游带来的沙石出峡谷后在此大量沉积,故多砾石险滩,河床为砂卵石河床及泥沙河床。

二、泾河在陕西境内的情况

泾河在陕西境内河道长 272.5 km,流域面积 9 210 km²,大体分为三段,其中,长武县汤渠村至彬州市早饭头泾河特大桥为上段,河道长 78.0 km,两岸属渭北黄土高原沟壑区,基本属山区开阔段微游型河道,宽 1.0～3.0 km,平均比降 1.4‰;彬州市早饭头至泾阳张家山为中段,河道长 129.7 km,形成入陕最长的一段峡谷,宽度不及百米,最窄处仅 20～30 m,平均比降 29.9‰,两岸属低山丘陵地区,本河段岸高谷深,河水湍急,水流集中,弯道连锁,河道比较稳定,正在建设的东庄水库位于该河段;泾阳张家山至高陵入渭口为下段,河道长 64.8 km,平均比降 11.3‰,本河段河道增宽,水流趋缓,河床淤积较大,漫滩、夹心滩发育,河岸侧蚀较强。

第二节　自然地理

泾河流域地势自西北向东南呈倾斜状,北部白于山海拔 1 907 m,西部六盘山为清水河、泾河的分水岭,海拔 2 928 m,东部泾河与北洛河的分水岭为子午岭,海拔 1 848 m;东南部永寿梁海拔 1 440 m;泾河中下游为著名的渭北黄土塬面丘陵区,梁峁呈犬牙状,塬面开辟为耕地,坡面植被中等(永寿梁附近植被较好,有小片幼林),阳坡较差,沟壑溯源冲刷,水土流失严重。

泾河流域分属四个自然类型区:①黄土丘陵沟壑区,约占总面积的 50%,分布在甘肃省环县、华池及灵台南部、平凉、崇信东南部;②黄土高原沟壑区,约占总面积的 30%,分布在甘肃省的西峰、庆城、合水、镇原、宁县、正宁、泾川及平凉、灵台北部、崇信北部和陕西省的长武、彬州市;③子午岭区和六盘山、关山土石山区,约占总面积的12%;④黄土阶地区,约占总面积的8%,分布在泾阳、礼泉、高陵。

泾河流域植被覆盖率北部仅为3%~5%,中部为8%~10%,东南部为15%~20%,水土流失严重。大量泥沙随洪水泄入黄河,是黄河泥沙的主要来源地之一。

泾河流域深处内陆,受大陆季风影响,其气候特点是冬春干旱少雨,夏季多暴雨,春秋有霜,冬季降雪。北、中部属干旱区,南部为半干旱区及小部分偏湿润区。降水量由北向南递增,南部降水量可达北部的2倍。

泾河径流量的年内分配主要受河川径流补给条件影响,流域内河川径流主要靠降水补给,河川径流的丰水期也正是降水集中时期。河川径流年内分配与降水趋势基本一致,径流的集中程度略缓于降水。

第三节　河系特征

泾河在黄土高原发育,水系密布,主要支流有马莲河、蒲河、纳河、黑河等。各支流呈鸡爪状交汇于政平及亭口附近。除马莲河外,其余支流均深切于黄土丘陵与黄土高原中,河谷狭窄,一般宽度300~600 m,河道呈"U"形。

泾河是一条雨源性河流,径流与降水特点基本一致。根据张家山水文站多年实测径流资料统计,该站多年平均径流量为17.03亿 m³(1932~2017年),径流年内分配不均,主要集中在7~9月,约占全年的52%以上,尤以8月来水量最大,占年径流量的20.7%,而12月至翌年2月仅占9.9%。泾河径流年际间变化也很大,张家山水文站历年最大天然径流量为42.11亿 m³,最小为6.528亿 m³,两者之比为6.45。

泾河是黄河流域输沙量最大的一条多沙河流,年输沙量占渭河的75%,占黄河的近20%。根据张家山水文站多年实测泥沙资料统计,该站多年平均输沙量为2.399亿 t,最大年输沙量11.70亿 t,最小年输沙量0.324亿 t,相差36倍。多年平均含沙量137 kg/m³,实测最大含沙量1 430 kg/m³(1958年7月11日)。据统计分析,泾河泥沙主要来源是甘肃省境内的黄土丘陵沟壑区,占张家山水文站多年平均沙量的83.8%,尤以马莲河沙量最多。

据张家山水文站统计,该站年均降水量529.1 mm(1932~2017年),年最大降水量878.1 mm(1983年),年最小降水量247.9 mm(1932年);年平均气温11.5 ℃,最高气温43.2 ℃(1960年6月24日),最低气温-16.8 ℃(1955年1月10日)。受山谷地形影响,风速可达8级,以春季最大,夏季次之,秋末冬初最小。日照时数年平均为2 200 h,无霜期年均210 d左右。

第四节　河源及河口

一、泾河河源

泾河干流发源于六盘山腹地的宁夏回族自治区隆德县和泾源县交界处的马尾巴梁,

河源高程2 540 m,它从源头一出山,就水势较大,湍湍急流,越泾源县泾河源镇(原白面镇)、园子,穿沙南峡,在柳家河坝入甘肃省平凉境。

二、泾河河口

泾河入渭口为砂卵石河床,汛期突涨猛落,水位落差大。泾河汛期含泥沙量较渭河大,相对呈现浊水;非汛期,含泥沙较渭河小,相对呈现清水,故在汛期是渭清泾浊,而在非汛期是泾清渭浊。二水在汇流后的一段河道内像两条平铺的清色和淡黄色布带拼在一起,向东移动,色泽界线非常鲜明,形成举世皆知的"泾渭分明"自然景观(见图1-2)。

图1-2　泾河入渭口2019年6月2日影像套绘图

第五节　水利工程及河流利用情况

泾河水系目前建成的最大水利工程为甘肃省泾河支流蒲河巴家嘴水库,其总库容为5.11亿 m³。在建的最大水利工程为泾河干流东庄水库。

陕西境内泾河干流依次建有朝阳、(以下在景村水文站下游)枣渠、程家川、降山、石桥、和平、茨坪、文泾、张家山等9个水电站及泾惠渠大型引泾灌区。

其中张家山水文站基本断面上游3.2 km处的张家山水库,对本站水、沙峰变化影响较大。

一、泾惠渠

泾惠渠是继郑国渠及历代引泾灌溉工程之后,由我国近代著名水利科学家李仪祉主持修建的一个现代化大型灌溉工程。

泾惠渠灌区位于陕西省关中平原中部,是一个从泾河自流引水的大(2)型灌区。渠首位于泾阳县王桥镇岳家坡村张家山。灌区北依仲山和黄土台塬,西、南、东三面有泾河、渭河、石川河环绕,清河自西向东穿过。灌区东西长 70 km,南北宽 20 km,总面积 1 180 km²。灌区地势自西北向东南倾斜,海拔 350～450 m,地面坡降 1/300～1/600,是典型的北方平原灌区。灌区属大陆性半干旱季风气候区,多年平均降水量 538.9 mm,年蒸发量 1 212 mm,总日照时数 2 200 h,多年平均气温 13.4 ℃。

泾惠渠灌区于 1932 年 6 月 20 日建成通水,几经扩建和改造,现今设施灌溉面积已达 145.3 万亩,年均引水量 4.43 亿 m³,涉及西安、咸阳、渭南三市的临潼、阎良、高陵、泾阳、三原、富平 6 县(区)。其中自流灌溉面积 111.02 万亩,抽水灌溉面积 34.28 万亩。灌区现有干渠 5 条,长 80.6 km;有支渠 20 条,长 299.8 km;有斗渠 538 条,长 1 195.56 km;有分引渠 4 787 条,长 2 042.07 km。灌区有中型水库 2 座,总库容 4 105 万 m³;干支渠抽水泵站 8 座,总装机容量 10 963 kW,水力发电站 2 座,总装机容量 9 100 kW。

陕西省泾惠渠管理局成立于 1934 年 1 月,是陕西省水利厅直属的事业单位。内部按抗旱灌溉、防洪排涝、综合经营三大系统设立,机关内设 14 个处室,下属 20 个事业单位和 6 个企业单位,职工总数近千人。

泾惠渠灌溉区域图见图 1-3。

二、张家山水库

泾惠渠渠首枢纽(张家山水库)位于泾河下游峡谷段出口处的泾阳县王桥镇岳家坡村张家山,是一座以灌溉为主,兼顾防洪、发电的小(1)型水库。水库建于 1997 年,设计总库容 986 万 m³,兴利库容 427 万 m³,调洪库容 550 万 m³,死库容 83 万 m³。控制灌溉面积 145.3 万亩,按 30 年一遇洪水设计,200 年一遇校核。枢纽工程主要由拦河坝、泄洪闸、灌溉排沙洞、坝后护坦等组成。大坝为混凝土微拱重力坝,坝高 35.7 m,坝顶长 118.8 m。两侧设溢流坝段,其中左岸溢流坝段长 20.5 m,右岸溢流坝段长 12 m。拦河钢闸门布设在坝面中部,共 6 孔,闸门尺寸 10.3 m×8.3 m。中间墩 5 个,边墩及导墙 2 个。

2009 年对张家山水库进行了除险加固,主要建设内容有大坝加固、完善拦河闸设施、排沙洞闸门及门槽更换及维修、增设大坝安全监测设施、上坝道路边坡危岩处理及管理设施改善等。

三、泾惠渠沉沙池

泾惠渠总干漏斗排沙工程于 2003 年 7 月 15 日正式开工建设,2006 年 8 月 30 日完工,完成的主要工程有节制闸、进水闸、进水箱涵、排沙漏斗、出水渠道、排沙底洞、混凝土悬板、测流桥、闸房与配电工程等。

根据《水利水电工程沉沙设计规范》(SL 269—2001)要求,水利灌溉工程沉沙池出池泥沙允许粒径不宜超过 0.05 mm。本项目建设任务是在泾惠渠总干渠(桩号 1+525 m 处)修建排沙漏斗,排沙漏斗设计最大流量 40 m³/s,流量变幅 10～40 m³/s,高含沙(100～200 kg/m³)来水通过排沙漏斗处理,使大于等于泥沙允许粒径的泥沙沉降率达到 80%～85%。解决泾惠渠长期以来因泥沙困扰而造成的夏季缺水问题。

该工程设计处理流量 40 m³/s。工程等级确定为Ⅲ等中型,主要建筑物为 3 级,次要建筑物为 4 级,临时建筑物为 5 级。该工程防洪标准为 20 年一遇,主要由节制闸(宽×高

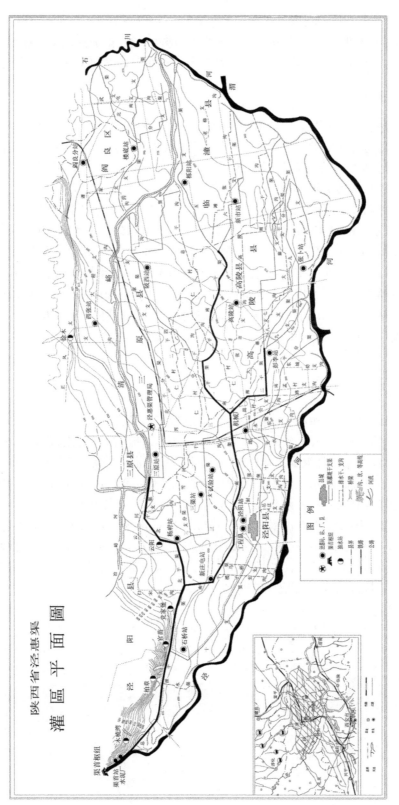

图1-3　泾惠渠灌溉区域图(1989年)

×孔 = 5.5 m×4 m×1)、进水闸(宽×高×孔 = 3.4 m×2.5 m×3)、进水箱涵(宽×高 = 12 m×2.5 m)、排沙漏斗(直径 60 m)、出水渠道、排沙底洞、钢筋混凝土悬板及测流桥等组成。2011 年后沉沙池停止运转,2017 年在其上建成张家山群泉引水工程厂房。

四、文泾水电站

文泾水电站位于泾阳县兴隆镇境内泾河干流上,2004 年 10 月开工建设,于 2010 年 1 月建成投产。上游是规划的东庄水库,下游为泾惠渠引水枢纽。坝址以上控制流域面积 43 156 km²,文泾水电站为不完全日调节引水式电站,非灌溉期按日调节运行,灌溉期按无调节运行。工程规模为 IV 等小(1)型工程,主要由微拱形混凝土重力坝、泄洪冲沙(导流)洞、发电引水隧洞、调压井、压力管道、电站厂房及开关站等建筑物组成。拦河坝坝型为溢流重力坝,最大坝高 42 m,总库容 998 万 m³,正常蓄水位以下库容 436.9 m³;左岸引水隧洞全长 6 317 m;电站厂房位于泾惠渠引水枢纽上游约 5 km 处河道左岸;电站设计引水流量 53.6 m³/s,设计水头 102 m,装机容量 4.8 万 kW,多年平均发电量 1.8 亿 kW·h。

文泾水电站在泾惠渠大坝以上 5 km、张家山水文站基本断面以上 8.2 km 处,文泾水电站拦河坝在泾惠渠大坝以上 10.8 km、张家山水文站基本断面以上 19.0 km 处。文泾水电站调节发电,对张家山水文站 1~100 m³/s 流量变化影响较大,需要张家山水文站密切监视、加密测次进行应对。

五、东庄水库

东庄水库位于泾河下游峡谷末端陕西省礼泉县原东庄乡和淳化县车坞镇河段处,距张家山水文站 27.2 km。东庄水利枢纽工程开发任务以防洪减淤为主,兼顾供水、发电和改善生态等综合利用,设计混凝土双曲拱坝坝高 230 m,水库总库容 32.8 亿 m³。工程建设总工期 95 个月,建设期水土流失防治责任范围为 5 604.9 hm²,水土流失防治执行建设类项目一级标准,防治目标为:水土流失治理度 95%,土壤流失控制比 1.0,拦渣率 85%,林草植被恢复率 97%,林草覆盖率 25%。建成后将是陕西库容最大、坝体最高的水库。2014 年 11 月,工程项目建议书获国家发改委批复。2017 年 7 月,国家发改委批复了东庄水利枢纽工程可行性研究报告。2019 年 6 月 11 日,水利部正式批复《陕西省东庄水利枢纽工程初步设计报告》(水许可决〔2019〕46 号)。

第二章 水文特征

第一节 暴 雨

泾河流域地处青藏高原东侧,位于秦岭以北,流域内有六盘山大小山脉,使得流域及周边地区地形变化多样,各种地形相互交错,因此流域内的雨量和雨强分布受大气环流与地形等因素的综合影响。

泾河流域暴雨最早发生在 4 月,最迟到 10 月,其中量级和强度较大的暴雨一般出现在 7~8 月。暴雨分为两种类型:一是锋面雨,特点是降雨历时长、强度均匀、笼罩面积大;二是雷暴雨,特点是雨量集中、历时短、强度大、笼罩面积小。

泾河流域一次暴雨历时为 2~3 d,最大暴雨时段为 24 h 左右,其主雨峰约为 12 h。流域内受大气环流系统和地形影响,主要有两个暴雨中心:一个在西峰、庆城附近,一个在彬州市到旬邑一带。暴雨的雨轴方向一般呈西南—东北或西—东向,暴雨走向一般自西向东或自西北向东南移动。

泾河流域的洪水主要由暴雨形成,洪水最早出现在 4 月,其峰量较小,10 月受淋雨影响,亦有洪水发生,但量级较大的洪水一般多集中在 7~9 月三个月,特点为暴雨历时短、强度大,洪水峰形尖瘦,洪水历时一般 1~3 d,主峰历时 1 d 左右,由于受连阴雨影响,洪水历时也有近 6 d 以上者,但峰量较小。

泾河流域典型的一次暴雨记录:1960 年 7 月 4 日,陕西省旬邑县突降暴雨,暴雨中心在该县职田镇,从 4 日 20 时开始到 5 日 4 时结束,历时 8 h,中心降雨量 208 mm,是陕西关中地区罕见的一次雷阵性暴雨。暴雨中心旬邑县职田镇雨量最大、最急,26 min 降雨量 108 mm,平均雨强 4.15 mm/min。据陕西省气象局分析,职田镇中心雨区的暴雨频率相当于 200 年一遇。此次暴雨分布在泾河以东,北洛河以西,淳化县以北,甘肃宁县、正宁以南,笼罩泾河流域的三水河、四郎河等,呈西南—东北走向,近似长方带状。这次暴雨笼罩地区,由于雨量大、历时短、分配集中,河道洪水灾害严重。泾河支流三水河刘家河水文站实测洪峰流量达 1 440 m³/s,为该站自 1958 年建站以来的最大洪峰。

第二节 洪 水

泾河洪水猛烈,是渭河及黄河洪水主要来源地之一。泾河流域面积为扇形,各主要支流处于六盘山以东的暴雨区内,暴雨移动路径与支流汇入走向一致,使泾河上游支流洪水频繁,量级高、遭遇机会多,为洪水易发区和洪峰流量高值区。受西太平洋副热带高压移动的影响,在西太平洋、孟加拉湾暖湿水汽共同作用下,在副高峰区造成大暴雨,使泾河暴雨多集中在 7 月、8 月两个月。

清道光二十一年(1841 年),张家山站出现洪峰流量 18 800 m³/s,为历史调查最大洪水。张家山水文站自设立以来,完整施测了泾河多次洪峰,其中 1933 年 8 月,泾河全流域出现了一次高强度降雨,支流马莲河、芮河、黑河猛涨,泾河张家山站发生了实测以来的最大一次洪水,洪峰流量为 9 200 m³/s;另外还测得 1940 年 7 月 1 日 5 800 m³/s、1945 年 8 月 26 日 6 250 m³/s、1947 年 7 月 28 日 7 250 m³/s、1966 年 7 月 27 日 7 520 m³/s、1973 年 8 月 30 日 6 160 m³/s、1977 年 7 月 6 日 5 750 m³/s、1996 年 7 月 28 日 3 860 m³/s、2003 年 8 月 26 日 3 580 m³/s 等多场洪水的洪峰流量。

一、典型洪水

泾河张家山水文站出现的典型洪水如下:

(1)清道光二十一年(1841 年)七月底,泾河全流域发生暴雨,支流普遍涨水,泾河干流出现特大洪水。调查得马莲河雨落坪站洪峰流量为 19 500 m³/s,黑河张河站洪峰流量为 4 080 m³/s,泾河张家山站洪峰流量高达 18 800 m³/s。此次洪水,泾阳县民间曾有"水浪起牛同叶实为凶险,山水中伤性命数千百万"的传说。

(2)清道光二十六年(1846 年),泾河支流蒲河发生特大洪水,调查得巴家嘴站洪峰流量高达 16 040 m³/s。

(3)清宣统三年(1911 年),泾河出现大洪水,调查得泾河杨家坪站洪峰流量为 11 600 m³/s,支流黑河张河站洪峰流量为 3 400 m³/s,泾河景村站洪峰流量为 15 700 m³/s,泾河张家山站洪峰流量为 14 700 m³/s。

(4)1933 年 8 月,在连续遭遇 3 年大旱后,泾河全流域出现了一次高量级暴雨过程,马莲河、黑河河水猛涨。经调查,马莲河雨落坪站 8 月 6 日洪峰流量为 6 380 m³/s,较可靠;泾河干流景村站 8 月 7 日出现洪峰 9 380 m³/s,较可靠;泾河张家山站实测值为 9 200 m³/s,约为 30 年一遇洪水。

(5)1954 年 9 月 2 日长武县亭口 24 h 降雨量 215.0 mm,9 月 3 日泾河张家山站出现洪峰流量 5 640 m³/s,漂浮物多为大树。本次洪水为张家山水文站有记载以来 9 月最大流量。

(6)1966 年,由于泾河上游突降暴雨,各支流上涨,泾河杨家坪站洪峰流量为 3 600 m³/s,马莲河雨落坪站洪峰流量为 3 290 m³/s,景村站实测洪峰流量为 8 150 m³/s,张家山站实测洪峰流量为 7 620 m³/s。洪水冲毁泾惠渠滚水坝,沿岸部分秋田淹没。

(7)1977 年 7 月 6 日,泾河出现较大洪水,景村站洪峰流量为 6 190 m³/s,张家山站洪峰流量为 5 750 m³/s。

(8)1996 年 7 月 26 日,泾河上游甘肃省庆阳地区普降暴雨到大暴雨,镇原县平泉镇降雨 122 mm,致使泾河上游河水猛涨。27 日、28 日干流连续出现 1977 年以来最大的两个洪峰。泾河杨家坪站 27 日 10:24 洪峰为 4 620 m³/s,15:48 洪峰为 3 650 m³/s;马莲河雨落坪站 28 日 6 时出现洪峰 2 530 m³/s;景村站流量分别出现 27 日 23 时 3 600 m³/s、28 日 10 时 4 730 m³/s 两次洪峰,张家山站相应分别出现 28 日 4 时 3 200 m³/s、17 时 3 860

m³/s 两次洪峰。

(9)2003 年 8 月 26 日,泾河上游马莲河降暴雨形成洪水,07:36 马莲河雨落坪站出现洪峰 4 230 m³/s,26 日 14 时 54 分景村站出现洪峰 4 920 m³/s,21 时 42 分在张家山站形成洪峰 3 580 m³/s。

二、洪水调查

(一)洪水调查情况

为掌握泾河洪水情况,在泾河张家山河段开展过多次洪水调查。

1. 首次洪水调查

1934 年国民政府黄河水利委员会测绘组主任安立森(S. Eliassen,挪威人)工程师,根据 1933 年 8 月 8 日泾河洪水淹没范围、最高洪水痕迹、洪水携带泥沙柴草堆积情况,张家山水文站被冲毁水尺位置、高程,查明泾惠渠进水闸闸台上的最高洪水位为 459.00 m,分析推算该次洪峰流量为 12 000 m³/s,张家山水文站该年水文记载为 11 250 m³/s。

《黄河水利月刊》第一卷第六期(1934 年 6 月)刊载有安立森著《民国二十二年黄河之洪水量》,关于 1933 年泾河洪水的分析如下:

泾河,据有受水面积三万八千平方公里之泾河,不仅为注入渭河含沙量最大之支流,且为注入黄河含沙量、流量最大之支流也。民国二十年及二十一年建筑渭北灌溉渠时,曾推算其最大流量为一万六千秒立方公尺,含沙量以重量计,为百分之四十八,或且高至百分之五十一,夏秋二季,含沙量若百分之三十者,且当继续数日,每当洪水暴涨之时,波涛汹涌,声闻数里,仅数分钟,即达最高洪水,著者亲见河水,于十分钟间,升高三十公尺。

泾惠渠工程处记载去年全部汛期水位,绘画准确之流量曲线图,依此估计最高洪水,得一万二千秒立方公尺,似无差误,此水流至陕州,须经二十六小时。

泾河于渭河口上游一百三十公里处,注入渭河,且受水区域,包括甘肃东部及陕西西部,为中国最大之黄土平面,六盘山脉横列于西,每当风卷浓云,自东吹来,一遇高峰,降为霖雨,则山洪随之而下,冲刷黄土,含沙量以是增高。且泾河全部流域,绝似扇形,地面之水,最易集中。

2. 第二次洪水调查

为了解 1950 年张家山站所报洪水流量与下游干支流各站的矛盾原因及历年洪水情况,并加强其汛期测验工作,黄河水利委员会于 1951 年 8 月派刘昭华前往张家山水文站协助工作并迁移断面,重新调查分析得 1933 年 8 月 8 日洪峰流量为 9 950 m³/s。

3. 第三次洪水调查

1955 年 5 月,为了解黄河最大洪水来源,供黄河规划参考,由陕西省水利局主持,黄河水利委员会、北京水利设计院派员参加,由张金昌组成十人调查组,对泾河水系洪水进行较全面的调查,并整理了《泾洛渭河洪水调查报告》,本次调查得 1911 年张家山卧牛石断面洪峰流量 14 125 m³/s,赵家石桥断面洪峰流量 13 670 m³/s;1933 年 8 月 8 日张家山(一)断面洪峰流量 9 330 m³/s;道光年间(可能是二十七年)洪峰流量 19 630 m³/s。

4. 第四次洪水调查

1956 年 3~5 月，为开展泾河流域规划进行了一次全流域性调查。

5. 第五次洪水调查

1961 年，为规划设计大佛寺水库需要，黄河水利委员会设计院对泾河调查洪水进行了复查，并整理编写了《泾河大佛寺至张家山历史洪水调查报告》。

（二）调查资料的审核整理

1973 年，陕西省水文总站对历次调查资料进行了审查，1984 年 12 月由陕西省水利厅刊印入《陕西省洪水调查资料》。其中，在泾河张家山河段的张家山（一）断面实测（分析计算）到 1933 年洪水；卧牛石调查到道光年间、1911 年、1933 年洪水；赵家石桥调查到道光年间、1911 年洪水；张家山（二）断面调查到道光年间、1911 年、1933 年洪水。根据其记载的调查洪水有：清道光年间洪峰流量 18 800 m^3/s，较可靠；1911 年 8 月 3 日洪峰流量 14 700 m^3/s，可靠；1933 年 8 月 8 日洪峰流量 9 200 m^3/s，资料上按实测对待，调查河段见图 2-1。

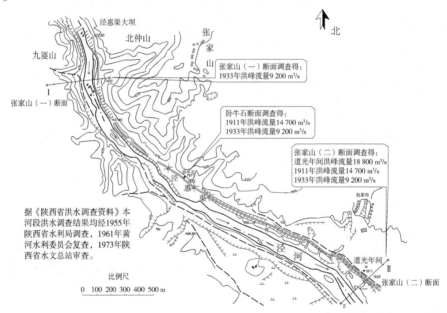

图 2-1　泾河张家山洪水调查河段平面图

（三）张家山河段洪水演变分析

2014 年 10 月，张家山水文站对张家山（一）~（二）断面洪水演变进行了分析，共布设断面 21 处，对历史洪水进行了水位—流量推算，其断面分布见图 2-2。

（四）考证历史洪水年份

道光年间洪水 1955 年调查时具体年份不详，1991 年陕西省水利电力土木建筑勘测设计院为泾河东庄水库设计的需要，在进行历史洪水复核调查时，在长武县胡家河村发现有一重修菩萨庙碑，碑文为："兹因道光二十一年六月十四日，泾水浩浩，大损田园，折伐树木，以致水入庙内倾颓神像。"由此断定张家山道光年间特大洪水的年份当为道光二十

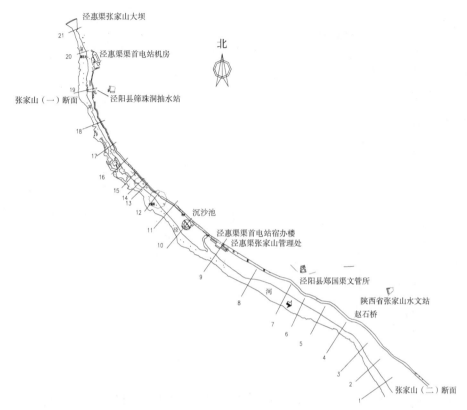

图 2-2 张家山(一)~(二)断面间调查断面分布图

一年,即 1841 年(7 月 31 日)。本次黄河中游大面积洪水于道光二十一年六月十六日(1841 年 8 月 2 日)致使黄河下游开封城被洪水围困 68 d(《1841 年黄河下游水灾及其影响分析》,李蓓培,2015 年)。

关于道光年间洪水发生时间,《陕西省洪水调查成果表》(陕西省水文总站 1985 年)记载为道光年,《咸阳市实用水文手册》(1988 年)、《陕西省志·地理志》(2000 年 6 月)、《陕西省水文志》(2007 年 10 月)均记载为 1841。具体洪峰流量,《咸阳市实用水文手册》(1988 年)、《咸阳大辞典》(2007 年)记载为 15 800 m³/s,《张家山水文站站志》(1988 年 9 月)、《陕西省志·地理志》(2000 年 6 月)、《陕西省水文志》(2007 年 10 月)均记载为 18 800 m³/s。1911 年洪水调查资料各种刊物记载均一致。根据以上分析,历史洪水采用 1841 年洪峰流量 18 800 m³/s,1911 年洪峰流量 14 700 m³/s。

(五)张家山附近洪水调查

1959 年 6 月 16 日,为了调查山洪对泾惠渠渠道的影响,张家山水文站站长陈志林与泾惠渠张家山管理站岳建业、王守成调查了张家山至王桥镇段汇集流经泾惠渠的支沟数量、分布。7 月 6 日张家山管理站董安群绘制了山洪汇集示意图,7 月 7 日董安群、卢文涛在朱子桥、民生桥刻画了防洪水尺。泾惠渠渠首洪水调查区域见图 2-3。

(六)泾河支流洪水调查

泾河支流洪水调查资料很多,仅举以下两个典型进行说明。

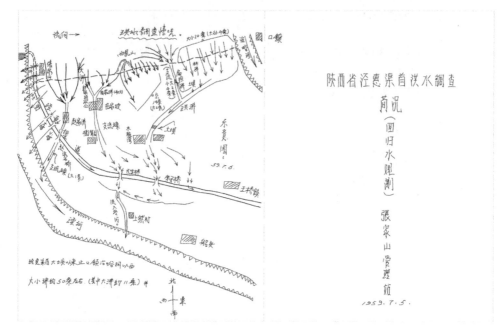

图2-3　泾惠渠渠首洪水调查区域图

1. 路家沟洪水

泾河支流茹河中游有一支沟名叫路家沟,在甘肃省镇原县城关镇路坡村,流域面积 4 km²,河长 2.9 km,经甘肃省水文总站调查得该处 1911 年洪峰流量 304 m³/s,1943 年洪峰流量 196 m³/s,1969 年洪峰流量 65.8 m³/s。

2. 黑河洪水

泾河支流黑河在陕西省长武县丁家镇张河村,流域面积 1 506 km²,经甘肃省水文总站调查,陕西省水文总站复核该处 1841 年洪峰流量 4 080 m³/s,1911 年洪峰流量 3 400 m³/s,1940 年洪峰流量 1 440 m³/s,1962 年洪峰流量 1 190 m³/s。

第三节　历年水文测验特征值

张家山水文站设立以来保存了大量泾河的水文资料,非常翔实。其原始资料保存在陕西省水文水资源勘测局下设的陕西省水文档案馆(马渡王水文站内),成果录入了《中华人民共和国水文年鉴》。

收集泾河张家山站 1931～2017 年水文资料,经过统计得出历年最高水位、最大流量、最大含沙量见图2-4～图2-7。

从 1932 年起张家山站保留有完整的泾河及泾惠渠径流量资料,1932～2017 年历年径流量变化见图2-8。

收集 1932～2017 年张家山站实测最小流量,可以看出 1953 年后,张家山站观测资料日益精确,对各项数据整理较为全面,具体情况见图2-9。

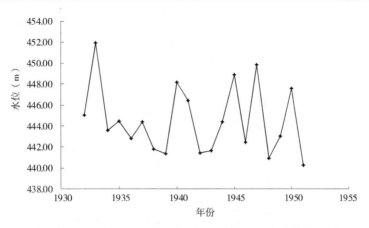

图 2-4 泾河张家山(一)断面 1932～1951 年最高水位历时图

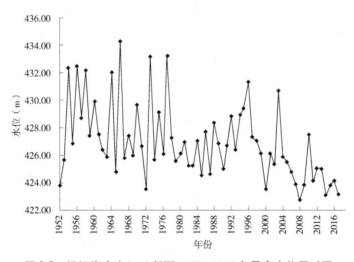

图 2-5 泾河张家山(二)断面 1952～2017 年最高水位历时图

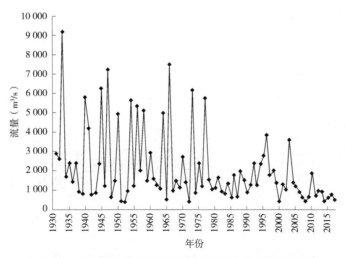

图 2-6 泾河张家山站 1931～2017 年最大流量历时图

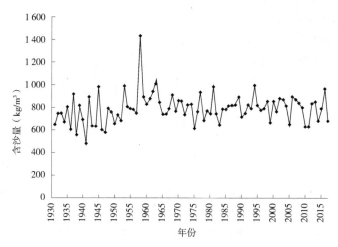

图 2-7　泾河张家山站 1931～2017 年最大含沙量历时图

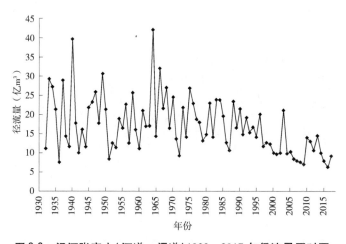

图 2-8　泾河张家山(河道＋渠道)1932～2017 年径流量历时图

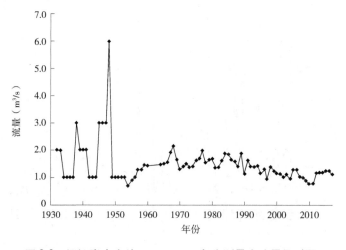

图 2-9　泾河张家山站 1932～2017 年实测最小流量历时图

　　流量测验是水文站工作的核心内容之一,对 1993 ~ 2017 年张家山站流量测验次数进行统计,可以分析其工作量,具体见图 2-10。

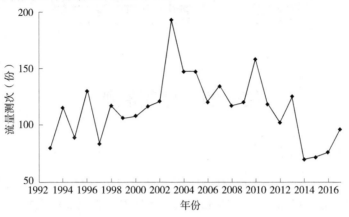

图 2-10　泾河张家山站 1993 ~ 2017 年流量测验次数分布图

第三章　测站及沿革

第一节　建制沿革

一、设站目的及最初情况

张家山水文站为泾河下游干流控制站、国家重要站。建站初期主要为引泾灌溉工程设计和计划用水服务。以后作为基本站点,其主要任务是收集泾河流域主要水文特征,掌握下游河段水量、沙量变化规律,为开发利用泾河流域水利资源提供科学依据,为泾河下游及黄河、三门峡库区防汛提供水文情报、预报,为泾惠渠灌溉管理服务。

1922年10月22日,陕西省水利分局局长兼渭北水利工程局总工程师李仪祉为设计引泾水利工程组建测量队,任命胡步川为水队队长,刘钟瑞为陆队队长,分别对泾河河谷、灌区地形进行勘测,开展水文观测工作。同年11月6日在张家山二龙王庙(现张家山(二)断面上游约1 400 m处)设立泾河水文测验断面,进行水位、流量、含沙量测验,由于时局变化,1924年底全部停测。1930年10月泾惠渠施工建设,中国华洋义赈救灾总会工程处在张家山水磨桥(现张家山(二)断面上游2 700 m处)设河、渠测验断面,恢复水文测验,后期的水文资料名称为张家山(一),自1932年起有连续的水文记载。1951年4月奉陕西省水利局令正式恢复测站,1952年6月断面下迁2.7 km于赵家沟现断面,资料名称张家山(二)。

二、设站日期

虽然张家山水文站从1922年10月就开始观测泾河水文要素,但是连续的资料从1932年1月1日开始,后来就确定从资料连续开始的时间为设站日期。因此,1932年1月1日为中华人民共和国水文年鉴确立的设站日期。

三、设站机关及负责设站人员

泾河二龙王庙水文站由中华民国陕西渭北水利工程局设立,设站人员为李仪祉、胡步川;张家山(一)站(泾阳水标站、水磨桥站)由中国华洋义赈救灾会工程处设立,设站人员为安立森、陆尔康;张家山(二)站由黄河水利委员会指导,陕西省水利局、泾惠渠管理局设立,设站人员为刘昭华、岳建业。

张家山水文站位置及断面(一)、(二)情况见图3-1~图3-3。

四、隶属关系及测验情况

1922年,渭北水利工程局在张家山二龙王庙及北屯渡口设立水文测验断面,由胡步

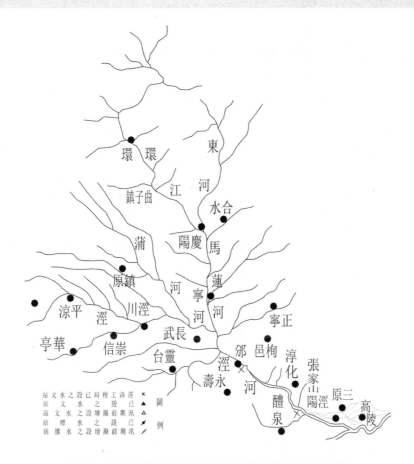

图 3-1　民国时期绘制的泾河水系及张家山水文站位置图

（根据 1935 年 11 月张含英编纂,国立编译馆出版《黄河志(第三篇水文工程)》附图
"黄河流域形势图"(泾河部分)绘制)

川负责,自 10 月起设立水尺进行水位观测,在船上用流速仪测流。

1924 年,施测含沙量,均无固定规式,时测时停,无系统资料,年底停测。

1923 年,陕西省水利分局曾在岳家坡设雨量站,1924 年底资料终断。

1930 年 10 月,泾惠渠施工建设,恢复水文测验,于水磨桥南设河渠断面,施测泾河及龙洞渠水位、流量与含沙量。泾河水位、流量、含沙量记载自 1931 年 6 月开始有连续记载,但完善的记录自 1932 年 1 月起,当年 1 月开始浮标测流。

1934 年 10 月,陕西省水利局正式成立张家山水文站,编制 2 人,任命薛滟为站长,岳建业为站员,由泾惠渠管理局代管。在大坝下游 400 m 处水磨桥附近设有流量断面,当年即用流速仪测流,施测流量至 1938 年 10 月奉令结束,除水位由泾惠渠张家山管理处代为观测外,其他测验项目均停止。1936 年曾用 11 点法施测垂线平均流速,研究分析流速在断面内的横向分布和在垂线上的分布规律。1942 年 6 月 25 日,中华民国陕西省水利局令泾阳张家山水文站正式恢复,由泾惠渠管理局代管。1951 年 3 月,奉陕西省水利局令正式恢复测站,由泾惠渠管理局管理;1952 年 6 月,断面下迁后资料记载站名为张家山(二);1953 年,任命田新改为站长,将泾河水位、流量、含沙量测验划归水文站,渠道水文

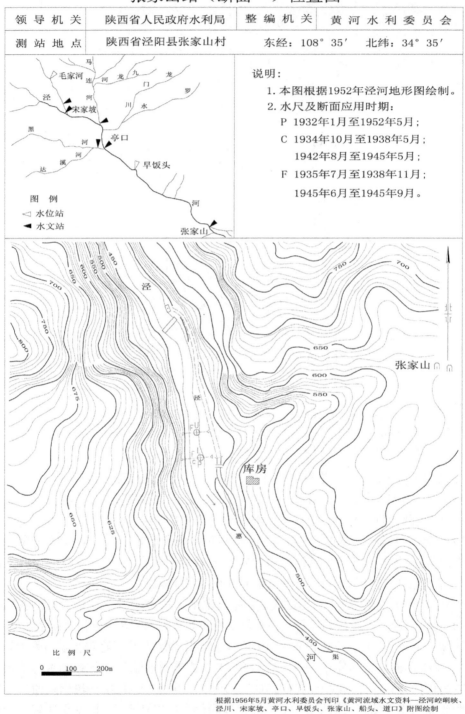

泾 河 干 流
张家山站（断面一）位置图

领导机关	陕西省人民政府水利局	整编机关	黄河水利委员会
测站地点	陕西省泾阳县张家山村	东经：108°35′	北纬：34°35′

说明：

1. 本图根据1952年泾河地形图绘制。
2. 水尺及断面应用时期：

P 1932年1月至1952年5月；

C 1934年10月至1938年5月；

1942年8月至1945年5月；

F 1935年7月至1938年11月；

1945年6月至1945年9月。

图 例

◁ 水位站

◀ 水文站

比 例 尺

0   100   200m

根据1956年5月黄河水利委员会刊印《黄河流域水文资料—泾河峡峪峡、泾川、宋家坡、亭口、早饭头、张家山、船头、道口》附图绘制

图3-2　泾河干流张家山站(断面一)位置图

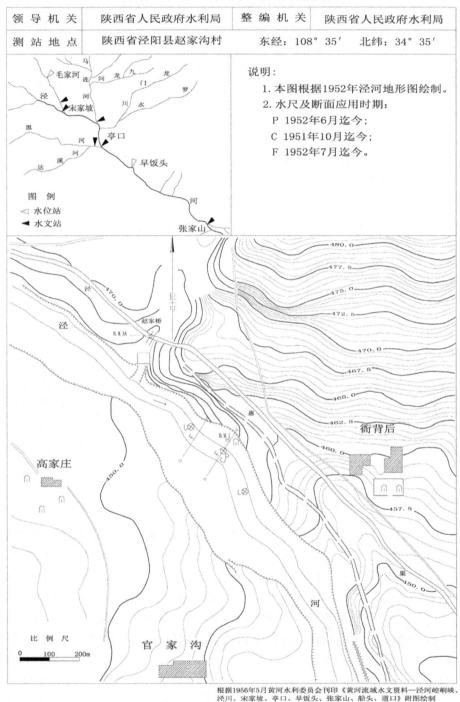

泾 河 干 流
张家山站（断面二）位置图

领 导 机 关	陕西省人民政府水利局	整 编 机 关	陕西省人民政府水利局
测 站 地 点	陕西省泾阳县赵家沟村	东经：108°35′	北纬：34°35′

说明：
1. 本图根据1952年泾河地形图绘制。
2. 水尺及断面应用时期：
　　P　1952年6月迄今；
　　C　1951年10月迄今；
　　F　1952年7月迄今。

图 例
◁ 水位站
◀ 水文站

比例尺
0　　100　　200m

根据1956年5月黄河水利委员会刊印《黄河流域水文资料—泾河峡蚵峡、
泾川、宋家坡、亭口、早饭头、张家山、船头、道口》附图绘制

图 3-3　泾河干流张家山站（断面二）位置图

测验仍由张家山管理站负责。1954 年最早开展浮标系数的试验分析,1955 年提出了分析报告。1957～1962 年曾为张家山中心站。1963 年归陕西省水文总站管理。1995 年归陕西省水文水资源勘测局管理至今。

张家山水文站隶属变化情况具体见表 3-1。

表 3-1　张家山水文站隶属变化情况

设立和变动	时间(年-月)	站名	位置	领导机关
初设	1922-10～1924	二龙王庙	泾惠渠坝下 1 800 m	陕西渭北水利工程局
设立	1930-10～1934-09	水磨桥	泾惠渠坝下 400 m	陕西省水利局
成立	1934-10～1938-10	张家山水文站		泾惠渠管理局
兼测	1938-11～1942-05	张家山水文站	泾惠渠坝下 400 m	泾惠渠管理局
恢复	1942-06～1951-02	张家山水文站	泾惠渠坝下 400 m	泾惠渠管理局
再次成立	1951-03～1952-05	张家山水文站	泾惠渠坝下 400 m	陕西省水利局、泾惠渠管理局双重管理
下迁	1952-06～1954	张家山水文站		陕西省水利局、泾惠渠管理局双重管理
	1955～1962	张家山水文站	泾惠渠坝下 3 200 m	陕西省水利局水文总站、泾惠渠管理局双重管理
	1963～1994	张家山水文站		陕西省水文总站
	1995～	张家山水文站		陕西省水文水资源勘测局

张家山水文站设站时集水面积采用 41 800 km^2,1965 年 1 月重新量算集水面积变动为 42 425 km^2,1971 年流域平差集水面积更改为 43 216 km^2。

五、测验任务变更情况

1932 年张家山水文站水文测验根据泾惠渠管理章程要求进行观测,1934 年张家山水文站正式成立,在泾河设立水尺 3 处,分别是泾惠渠进水口处、拦河坝东、水磨桥河边;在泾惠渠设立水尺 2 处,分别是南洞口、野狐桥。主要观测泾河水磨桥水尺、泾惠渠南洞口水尺。主要水尺日夜按时观测,其余日测 3 次;流量泾河水磨桥设立两断面,间距 80 m,泾惠渠设南洞口、野狐桥 2 处,变化小时一日一测,变化大时按时观测。洪水期浮标日测流 3～4 次;含沙量,常水期每日或者 2 日 1 次,洪水期每日昼夜逐时测验,以每日 6 时、12 时、18 时 3 次记载求平均含沙量。

1954 年 12 月 31 日前为地方平均太阳时,1955 年 1 月 1 日零时起水位、流量、泥沙改为北京时间进行观测和测验,气象观测仍用地方平均太阳时,以 19 时为日分界。1956 年 1 月 1 日零时起降水量观测改为北京时间,以 8 时为日分界。

张家山水文站测验项目见表 3-2。

表 3-2　张家山水文站测验项目一览表

测验项目	开始测验时间	停止测验时间	变动原因
水位	1932 年 1 月 1 日		
流量	1932 年 1 月 1 日		
悬移质含沙量	1932 年 1 月 1 日		
悬移质输沙率	1953 年	1998 年 6 月	陕水文勘测字〔1998〕第 009 号 1998 年 6 月起停测
降水量	1934 年		1968 年使用虹吸自记,2012 年 5 月拆除;2000 年 4 月使用固态采集
蒸发量	1935 年		1990 年改用 E601 型蒸发器
比降			
水温	1956 年 1 月 1 日		
岸温			
冰情			
泥颗	1958 年		
水化	1962 年 1 月 10 日		
墒情	2009 年 5 月 21 日		
气象	1934 年	1967 年 4 月 30 日	

六、工作人员一览表

张家山水文站历年工作人员见表 3-3。

表 3-3　张家山水文站历年工作人员一览表

起讫时间 (年-月)	站长 (负责人)	工作人员姓名
1922-10 ~ 1924	胡步川 (队长)	刘钟瑞、段惠城、袁敬亭、孙次玉、王南轩、张子麟、南东耘、胡润民、董康侯、陆丹佑、李百龄、蔡维荣
1930-10 ~ 1932-06	安立森 (工程师)	陆尔康、张丙昌、傅玺、岳建业、李鼎堃、岳德荣、吕春富、吕华堂
1932-07 ~ 1934-09	岳建业 (监工)	李鼎堃、岳德荣
1934-10 ~ 1938-10	薛滟	岳建业、孙象丞、岳惠民、刘梁甫、岳德荣、牟增敬、古启图
1938-11 ~ 1951-03	岳建业	李世荣、岳得荣、毕秉耀、刘明斋、赵善志、戎澄水、董玉璋、吴树桐、胡吉庆、岳克民、陈振祥、岳树枝、岳鸿恩
1951-03 ~ 1952-07	岳建业(代)	王北槐、闵志文、高景华、陈天禄
1952-08 ~ 1953-05	王北槐(代)	岳建业、胡志云、罗志强、张泉玉、陈天禄、陈世云
1953-06 ~ 1957	田新改	杨天禄、申定敏、胡步云、陈天禄、高树茂、高启胜、王俊明、田新建、王西强、刘金玉、李士杰、张信玉、韩文渊、肖树云、郭益鑫、于文兰、袁正斌、权丙友、邢步乾、孙应森、闵振玉
1958	雷闻远	赵树林、赵荣贤、刘金玉、芦文涛、邢步乾、高启胜、傅恒英、王俊明

续表 3-3

起讫时间 （年-月）	站长 （负责人）	工作人员姓名
1959～1962	陈志林	赵荣贤、刘金玉、芦文涛、陈志林、李忠诚、王俊明、刘义强、郭益鑫、赵德文、刘义平、张文歧、刘义礼、唐广运、王克勇、党忠胜、安红章、王纪平、张振西、徐光辉、尚文生、冯建义、田玉禾
1963～1965	徐光辉	田玉禾、赵荣贤、王克勇、刘芳贤、赵树林、王克勇、黄继承、苗彩莲
1966～1969	李明毓	田玉禾、赵荣贤、赵树林、杨正值、李明毓、王克勇、乔生贵、岳本华、牟秦宏、许云波、裴中璠
1970～1974	赵树林	赵树林、牟秦宏、王克勇、李德海、乔生贵、郭晓华、岳本华、徐云波、杨玉良、李劲科、张书信
1975～1977	王希勃	李德海、杨玉良、乔生贵、郭晓华、徐云波、万宗耀、付学勤、吴玉军
1978～1986	李养民	蔡彦峰、乔生贵、赵荣贤、郭晓华、万宗耀、牟秦宏、徐云波、张彬让、刘腾宵、时秋玲、李建、段和平、赵燕、陈书院、王智民
1987～1994	张书信	副站长李养民、王君善、蔡彦峰、赵荣贤、田新建、张志安、张志杰、刘腾宵、张新魁、张书信、田惠国、沈铁毛、朱会芳、李文献、杨亚妮、王建斌、任惠民、雷晓荣、张菊霞、张文红、张向阳
1995～1996	王君善	副站长万宗耀、郑小宏、雷晓荣、张文红、张向阳、宋小虎、王晓斌
1997～1998	万宗耀	王晓斌、张文红、赵德有、段建东、岳东峰、白少华、郭博峰
1999～2001	任养群	王海山、王晓斌、张文红、郭博峰、赵德有、张水英、郑红利、陈艳
2002	曹保前	王海山、郭博峰、赵德有、张水英、郑红利、张向阳
2003～2009-03	王海山	张向阳、杨沛汉、张文峰、吴敏、赵德有、张文红、李亚红、刘品芳、何西玲、孙强
2009-04～2017-03	王晓斌	杨沛汉、段建伟、郭博峰、赵德有、李亚红、郑小宏、李丹、董亚维
2017-04～	郭博峰	赵德有、李亚红、郑小宏、李丹、姚顺

注：每年工作人员在 2～9 人，表内为在该时间段工作过的人员名单，排名不分先后。

第二节　属站沿革

一、降水量站

（一）张家山站

　　1923 年，陕西省水利分局在岳家坡设雨量站（在现张家山水文站观测场东北 850 m 处），1924 年底中断，1934 年 1 月，在泾惠渠渠首恢复观测。1952 年 6 月，迁至泾阳县王桥镇岳家坡村赵家沟，有气象场专用地 293 m²。1958 年，因泾惠渠修建木梳湾抽水站（后移交泾阳县管理）渠道影响，张家山水文站气象场迁至站院内使用至今，气象场为 6 m×6 m，占地 36 m²。1968 年改用虹吸式自计雨量计（2012 年拆除），2000 年使用固态存储雨量计,2014 年改造成 12 m×12 m 标准气象场。

经过对张家山水文站 1932~2017 年降水量统计,多年平均降水量为 529.1 mm,历年最大 878.1 mm(1983 年),历年最小 247.9 mm(1932 年)。1935 年 8 月 5 日,张家山站4.2 h 降暴雨 90.7 mm。经 1956 年黄河水利委员会叶笃正统计,张家山站出现过 1.6 h降雨 97.6 mm 的暴雨极值。

1996 年 8 月陕西省防汛抗旱总指挥部办公室《陕西省防汛手册》中列出:张家山站24 h 雨量多年平均 55.0 mm,C_v 值为 0.53,C_s/C_v 为 3.5;500 年一遇 200 mm,300 年一遇190 mm,200 年一遇 180 mm,100 年一遇 160 mm,50 年一遇 140 mm,20 年一遇 110 mm,10 年一遇 95 mm。

张家山站历年降水量变化见图 3-4。

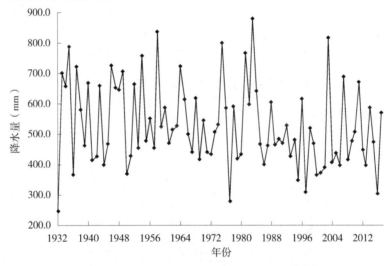

图 3-4　泾河张家山站 1932~2017 年降水量图

(二)其他降水量站

1956 年,张家山水文站陆续接管周边雨量站,到 1988 年,管理雨量站 12 处。2008年,为通远坊设立了固态存储自动雨量计。2011 年 12 月,为南坊、赵镇、樊家河、窑店设立了固态存储自动雨量计。2012 年 8 月,为建陵、窑店、马庄设立了固态存储自动雨量站。

张家山水文站下属设立最早的是通远坊雨量站,1920 年由高陵县通远坊天主教修道院院长戴夏德(意大利人)建,装有温度计、湿度计、风向仪、雨量筒,为陕西近代最早雨量站。1975 年 9 月水利电力部黄河水利委员会革命委员会刊印的《黄河流域水文特征值统计(1919~1970)》中,通远坊为基本雨量站,位于陕西省高陵县通远坊公社通远坊。

通远坊站 1958 年 1 月 1 日正式恢复观测,受张家山水文站指导,1965 年前中华人民共和国水文年鉴上填写为泾河通远坊站,1965 年起为渭河通远坊站。1959 年 10 月水利电力部黄河水利委员会刊印的《黄河流域水文资料历年特征值统计表(1919~1958)》收录有通远坊站 1921~1958 年降水量记录,其中 1943~1950 年无资料,1926 年、1927 年、1931 年、1932 年、1937 年、1941 年、1942 年、1951 年记录不全,该站历年降水量见图 3-5。

张家山水文站属站变化见表 3-4、表 3-5。

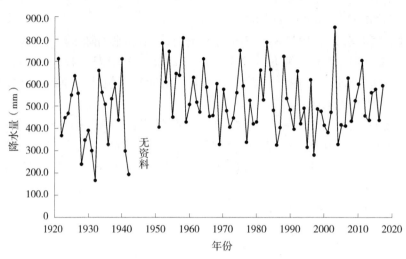

图 3-5　渭河通远坊站 1921～2017 年降水量图

表 3-4　张家山水文站 1988 年雨量站一览表

水系	河名	站名	观测场地	设立时间 （年-月）	说明
渭河	渭河	马庄	咸阳市马庄乡政府	1953-08	
渭河	渭河	通远坊	高陵县通远坊信用社	1958	天主教 1920 年设气象站
泾河	泔河	南坊	礼泉县南坊乡中峰二队	1967-06	自计
泾河	小河	建陵	礼泉县建陵乡良种场	1978-06	自计
泾河	泔河	赵镇	礼泉县赵镇水管站	1977	
渭河	清峪河	樊家河	三原县嵯峨乡冯家村	1953	
渭河	渭河	窑店	咸阳市正阳乡红旗村	1953-08	
泾河	泔河	阡东	礼泉县阡东乡梁村	1954	
泾河	泾河	张家山	泾阳县王桥乡赵家沟	1934-01	岳家坡雨量站设立于 1923 年
泾河	泾河	泾阳	泾阳县水利水保局	1986-05	汛期报汛站
渭河	渭河	兴平	兴平县水利局	1986-05	
泾河	泔河	礼泉	礼泉县宝鸡峡总站	1986-05	

表 3-5　张家山水文站属站变化一览表

年份	站名
1956	礼泉、周陵、阡东、马庄
1960	礼泉、周陵、阡东、窑店、通远坊
1965	南坊、阡东、窑店、通远坊
1969	南坊、阡东、窑店、通远坊、樊家河
1977	南坊、阡东、窑店、通远坊、樊家河、建陵、赵镇、马庄
1986	南坊、阡东、窑店、通远坊、樊家河、建陵、赵镇、马庄、泾阳、兴平、礼泉
1995	南坊、阡东、窑店、通远坊、樊家河、建陵、赵镇、马庄
2014	南坊、阡东、窑店、通远坊、樊家河、建陵、赵镇、马庄

二、蒸发站

蒸发观测自 1924 年 4 月 1 日开始观测,年底终止。1935 年 1 月重新设立,位于三龙王庙,80 cm 口径套盆,1936 年 1 月停测,1937 年 1 月恢复,1939~1948 年停测,1949 年 1 月恢复,1952 年下迁 550 m 在赵家沟观测。

80 cm 口径套盆蒸发器观测到 1989 年 9 月,同年 11 月 1 日起启用 E601 蒸发器。

张家山水文站 2014 年气象场布设见图 3-6。

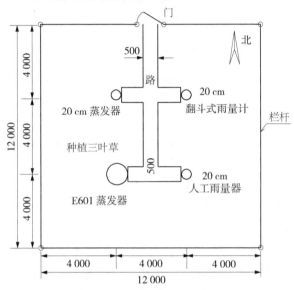

图 3-6　张家山水文站 2014 年气象场布设图　(单位:mm)

三、雨情站

1934 年,张家山水文站通过泾惠渠管理局向黄河水利委员会报汛。1936 年,全国经济委员会制定"各河流报汛办法"16 条,规定每日上午 8 时、下午 4 时各发报一次,报告水位及流量;每日上午 9 时电报雨量。1946 年 1 月,国民政府行政院水利委员会重新颁发全国统一的"报汛办法"18 条,规定了对水位、流量、雨量、冰凌的拍报要求和电码形式。自 1936 年起,张家山水文站一直拍报本站雨量。

1956 年,张家山水文站陆续接管周边雨量站,并开始报汛,到 1988 年,张家山水文站共有报汛雨情站 5 处。2008 年,在通远坊设立了自动雨量计;2011 年 12 月,在南坊、赵镇、樊家河设立了自动雨量计;2012 年 8 月,在马庄、阡东、窑店、建陵设立了自动雨量计。

2012 年 8 月中小河流水文建设项目中,张家山水文站在周边新设 22 处自动雨量站,其中泾阳县有许家庄、中张、崇文,高陵县有崇皇、张卜、湾子,乾县有阳洪、羊牧、峰阳、梁山、关头、石牛、漠西、周城、上官、牛池、薛录,礼泉县有西张堡、药王洞、叱干、北牌、高菜尧。

2015 年 8 月中旬起,雨情站停止人工报汛,改用自动报汛。

四、墒情站

2009 年 5 月 21 日开始对张家山、阡东采用称重法和使用仪器进行墒情监测,2010 年1 月 21 日起增加三原墒情监测点。

2010 年,陕西省西安水文水资源勘测局对各墒情站田间持水量进行了试验分析。

第三节　陕西省泾惠渠管理局张家山水库管理处

一、泾惠渠渠首管理单位沿革

1934 年 3 月成立泾惠渠管理局张家山管理处,1957 年更名为张家山管理站(渠首站),2010 年更名为张家山水库管理处。

1932 年 7 月 1 日,在泾惠渠干渠北洞口、南洞口进行水位观测。1936 年,在野狐桥、北洞口、南洞口观测,以后固定将野狐桥流量为泾惠渠引水量。其间在北洞口、南洞口、筛珠洞、火烧桥等多处观测过水位。

1952 年 8 月 29 日起,渠首水位的观测与张家山水文站分开,独立由泾惠渠张家山管理处观测,业务受张家山水文站指导并将观测资料整编入中华人民共和国水文年鉴。

1966 年,水位记载整点每 1~2 h 观测水位一次,每日 8 时、20 时观测风力、水温、岸温,1967 年 12 月底,停止风力、水温、岸温的定点观测。1968 年 6 月 6 日 20 时以后,只记载水尺读数,不再记载加零点高程后的水位,9 月开始使用自制记载表,10 月 29 日恢复记载加零点高程后的水位,12 月 2 日恢复 8 时、20 时水温观测。

泾惠渠测验断面设于进水口下游 1 250 m 野狐桥下游 40 m 处,测验项目有水位、流量、泥沙,观测次数为放水时水位每小时观测一次,水尺零点高程假定为 100 m;流量每15 d 测流一次,全年不少于 20 次。泥沙每日观测一次。1980 年后流量测验由泾惠渠开展,次数减少。

泾惠渠渠首管理机构变化情况见表 3-6。

表 3-6　泾惠渠渠首管理机构变化情况

年份	机构名称	负责人	说明
1932	渭北水利工程处	孙绍宗	后更名为泾惠渠管理局
1934	张家山管理处	岳建业	成立
1952	张家山管理处	李熙春	
1957	张家山管理站	岳建业	机构更名
1966	张家山管理站	董安群	
	张家山管理站	赵　辉	
1975~1983-10	张家山管理站	张振西	

续表3-6

年份	机构名称	负责人	说明
1983-11～1985-10	张家山管理站	杨明泉	
1985-11	张家山管理站	冯宁贵	
	张家山管理站	李青林	
	张家山管理站	裴永位	
2010	张家山水库管理处	裴永位	机构更名
2011-11～	张家山水库管理处	刘小锋	副主任雷林、董宏林

二、泾惠渠渠首工作职责

以下是1978年3月5日泾惠渠张家山管理站制定的"渠首站工作职责"作为说明，随时代变化具体职责虽有所变化，但总体变化不大。

渠首站工作职责

一、高举毛主席伟大旗帜，认真学习马列毛主席著作，做到学习有制度，有计划，有安排，有笔记，有检查，有总结。理论联系实际，努力改造世界观，树立为革命管水的思想。

二、坚持党的基本路线，提高革命警惕，严防阶级敌人的破坏活动，做好渠首的安全保卫工作。

三、苦练基本功，精通业务技术，做到"四会：会施测流量泥沙，会整理分析水文资料，会使用保养各种设备，会设计放线施工"，努力提供为人民服务的本领。

四、严格执行各项制度，认真执行配水计划，做到水工建筑物常检查，机械设备常保养，断面流量常校核。小水不放过，大水不超引，有电及时调，无电用手摇，小沙加测次，大沙不进渠，确保引水安全。

五、坚守工作岗位，做好记载，定期检查，交接班做到五清（上级通知指示、水情、沙情、资料、机械测具工作状况），遵守泥沙测次规定，严格控制沙限，不违犯各项操作规程。

六、认真做好水文、工程等科学资料的施测、记载、收集、整理工作，及时收听传送电话、电报。做到资料齐全、准确，记载清晰整洁，数据科学可靠。

七、维护好枢纽工程，保证引水安全，坚持平时常观察，大雨大水细检查，引水看险区，停水查隐患，缺漏及时补，隐患及时修。做到建筑物逐步完善，维护常修常新。

八、关心职工生活，开展劳动竞赛，搞好机关生产，把各方面的积极性调动起来，互相学习，评思想，比贡献，树标兵，选模范。

九、认真搜集、整理文物历史资料，加强枢纽工程原体观测，不断提高渠首管理工作水平。

十、贯彻党的民主集中制原则，加强领导，重大问题由站做出明确决定，分工负责，认真贯彻执行。

三、泾惠渠观测资料情况

1932 年起,泾惠渠渠首观测有完整的水位流量记录,当前泾惠渠水文观测除按国家水利部制定的观测规范执行外,还结合灌溉工程管理需要制定了观测要求,同时为促进职工业务提高,编写有《测水量水》等教材。

经过对泾惠渠渠首断面观测数据统计,历年泾惠渠引水量变化情况见图 3-7。

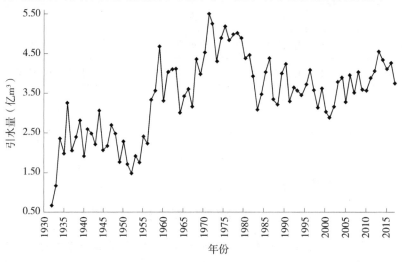

图 3-7 泾惠渠 1932～2017 年引水量过程线图

四、宋丰利渠壁的水尺

1985 年底,陕西省文物局秦建明,西北大学赵荣、杨政,对历代引泾工程遗址进行考古调查,在张家山水文站基本断面以上 2 144 m 泾河东岸宋丰利渠口遗址的渠壁上发现"水则"。

1986～1987 年,陕西省水文总站水文志编辑室组成调查组,赴宋丰利渠渠首遗址调查、测量,经过同陕西省天文台科技处处长漆贯荣等多位学者探讨后撰文《北宋丰利渠渠首水则是我国测水尺发展史上一座杰出的里程碑》,文中认为:古代"已"和"以"通用,刻凿在中低水则中部的四个字是"已上入谷",主要是向观测者说明这条水平刻画以上读数是接刻在谷(渠道)内,谷内确有洪水水则刻画与之相重叠衔接,在头、二道闸槽之间,距第一组水则下游 2.6 m 处平台之上又有一个刻槽的方框,与水则的尺码相当,这就是当最高洪水位出现时要观测的最高洪水水则。因最高洪水是稀遇的,根据经验估计可能出现的最高洪水位至此,所以只刻画了一格刻画。从头道闸门前的中低水则到两闸之间的中等洪水水则直至入谷内的最高洪水水则,三者组成一个观测水位的水则群体,彼此发生密切关系,控制着泾河水位从低到高的变化过程,这在灌溉渠道渠首进水段布设一系列水则的设计是先进的,也是科学的。

第四章　水文测验

第一节　测验河段

一、测验河段概况

测站附近干支流汇入、弯道、浅滩、石梁、堤防、建筑物等对水流及测验工作的影响情况:张家山(二)断面上游约 3 170 m 处有 1997 年 12 月修建的泾惠渠张家山水库,库容 986 万 m³,闸门启闭曾形成 430 m³/s 的洪峰,使张家山水文站观测断面水位变幅 3 m。其下游 300 m 处有第一退水闸,1 200 m 处有第二退水闸,2 900 m 处有第三退水闸,均在张家山站基本断面以上汇入河道。张家山站基本断面下游 500 m 处有大弯道控制,主流靠左岸。河段两岸均有泉水浸入。根据多年资料分析,流量 500 m³/s 时张家山站比降约为万分之 7.5,糙率约为 0.024;流量 1 000 m³/s 时比降约为万分之 11,糙率约为 0.028;流量 2 000 m³/s 时一般柴草多,比降约为万分之 18,糙率约为 0.038。

二、测验河段特征

(1)顺直情况、河滩宽度及高低水位时岔流、串沟、回流及死水等情况:测验河段较顺直,复式断面,窄深河槽。基本断面上游 300 m、下游 500 m 处有弯道。

(2)河床、河岸组成及其冲淤坍塌情况:河床由卵石胶泥组成,两岸为沙质土壤,冲淤变化不大。

(3)水生植物、滩地或河岸附近植物生长及洪水波浪和漂浮物等对测验工作的影响情况:主槽中无水草等水生植物,左岸滩地多为荒草坡,右岸滩地部分为开垦旱地。洪水时波浪大,漂浮物众多,特别是生活垃圾、柴草严重影响流速仪法测流。

第二节　测验断面布设及其变动情况

一、测验断面布设及其变动情况说明

1932 年至 1952 年 5 月,基本断面位于现泾惠渠大坝以下约 400 m 处张家山水磨桥附近,断面间距 80 m,资料名为张家山(一)。1952 年 6 月基本断面下迁 2 800 m 至赵石桥南约 400 m 处,资料名为张家山(二)。张家山站测验河段基线长 100 m,共布设 5 个断面:上比降断面、上浮标断面、基本断面兼流速仪及浮标中断面、下浮标断面、下比降断面。

1952 年张家山水文站平面图见图 4-1。

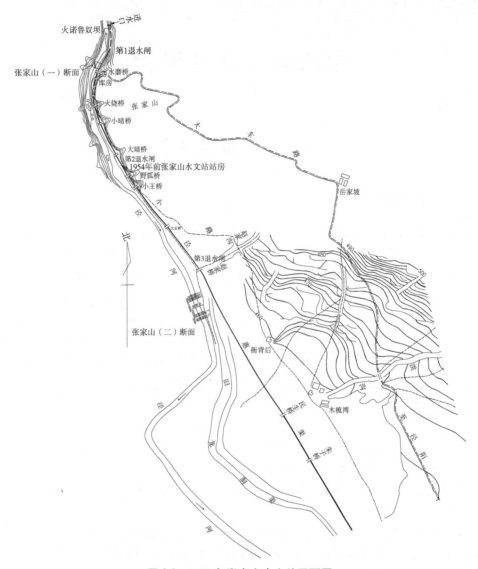

图 4-1 1952 年张家山水文站平面图

二、大断面冲淤变化

张家山水文站 1953~2017 年 65 年间大断面变化见图 4-2。

从图 4-2 可以看出,河道主流稳定,深泓点变化不大,河床主河槽逐年冲刷降低,但幅度不大。深泓点基本稳定在起点距 40~90 m,主流摆动幅度约为 40 m。当发生大洪水时,水流进入复式河槽,落水后水流归主槽,高水时主流摆动不大。

根据实测资料分析,当泾河张家山河段发生大洪水时,虽然有短暂冲淤现象,但该河段流速较大、河床稳定,冲淤基本平衡。2003 年 8 月 26 日大洪水是张家山站近 15 年来实测最大洪峰(3 610 m³/s),因此采用 2003 年张家山水文站大洪水前后实测大断面做比较,分析预测洪水期间泥沙淤积情况,见图 4-3。

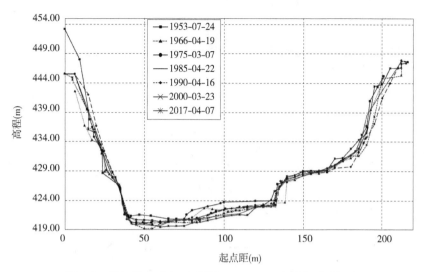

图 4-2　泾河张家山（二）断面 1953～2017 年实测大断面图

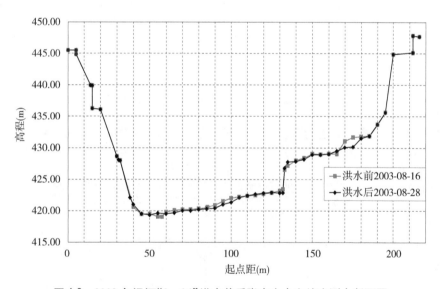

图 4-3　2003 年泾河"8·26"洪水前后张家山水文站实测大断面图

从图 4-3 中可以明显看出,大洪水过后,断面变化不大,几乎无明显冲淤变化。预测发生大洪水(7 000～10 000 m³/s)时,泾河张家山河段河势不会发生较大变化。

第三节　河道测验基本设施

一、基本设施分布图

张家山(一)站上、下断面间距 80 m,无过河设施。

张家山(二)站测验河段缆道跨度 220 m,其布设见图 4-4。

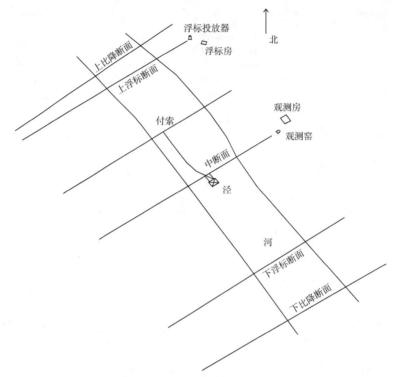

图 4-4　张家山(二)站河道设施分布示意图(2009 年)

张家山水文站测验缆道为双主索开口式吊箱缆道,其布设情况见图 4-5。

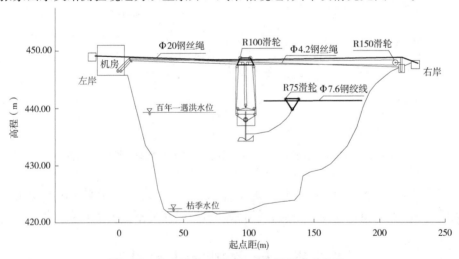

图 4-5　张家山水文站开口式吊箱缆道布设图

二、基本设施的形式、标准及测洪能力

民国时期张家山站洪水测验利用河流弯道人力抛掷浮标或借用天然浮标测流,采用理论系数计算流量,小水涉水流速仪法测流。1952 年其低水位采用测船布置垂线,人力

摆渡测流。1960 年起采用高缆吊船,利用水力摆渡、人力辅助测流。

1976 年架设浮标投放器,沿用至今。投放器跨度 190 m,实测最大流量 7 670 m³/s（1966 年 7 月 27 日）,其布设情况见图 4-6。

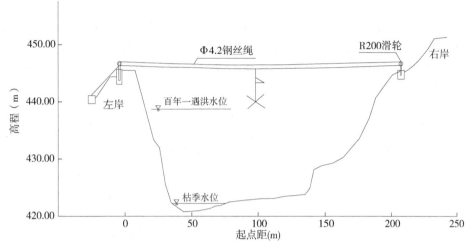

图 4-6　张家山水文站浮标缆道布设图

1976 年 4 月建双主索齿轮升降缆车,1981 年改为涡轮升降缆车。1992 年改造为电动升降,配有"浙 Ⅱ"型绞车,2008 年增添变频器,改为计算机控制。利用该缆车实测最大流量 3 860 m³/s（1996 年 7 月 28 日）,平常可施测 1 500 m³/s 流量。

2008 年 12 月,修建超声波水位塔;2009 年 6 月启用 YDH－1 型遥测终端机,因距离枯水边较远无法正常使用;2012 年 11 月 14 日更换为雷达波水位计,仍存在同样问题;2017 年 2 月 19 日对悬臂进行改造才能探测到水位。

2012 年 1 月,在泾惠渠张家山管理处泾惠渠干渠上设立雷达波水位计。

2010 年 8 月,在河道基本断面建视频监视系统,当年遭雷击后重新更换;2013 年 7 月 31 日又遭雷击,2014 年 7 月 15 日进行了更换。

三、电力及通信

1976 年,架设河道动力线路 660 m;1985 年 1 月,和木梳湾抽水站协议共用 20 kV 变压器;2011 年 6 月,对全部线路进行更换。

1979 年 10 月 5 日,投资 585 元建设站至河道电话线路 2 km,1997 年毁。

河道测验照明设施:1992 年,陕西省东水文分站配发张家山水文站使用上海光辉灯具厂生产的探海灯,型号 TGZ－1000,功率 1 000 W,后因反射罩破裂无法正常使用;2014 年 12 月,陕西省西安水文水资源勘测局重新调配同型号新探海灯并安装使用。

第四节　观测项目及时段

1954 年 12 月 31 日前气象观测采用地方平均太阳时,1955 年 1 月 1 日零时起,水位、流量、泥沙改为北京时间测验。气象观测仍用地方平均太阳时,以 19 时为日分界。1956 年 1 月 1 日零时起,降水量观测改为北京时间,以 8 日为日分界。各项目观测要求如下。

一、水位

非汛期水位变化在 12 cm 以内每日观测 2 次,水位变化超 12 cm 每日观测 4 次。出现洪峰时随时观测。一般为 1 月、2 月、11 月、12 月 08:00、14:00、18:00 观测,3～5 月 08:00、14:00、20:00 观测,6～10 月 02:00、08:00、14:00、20:00 观测,流量大于 500 m³/s 时观测比降。

二、水温

每日 08:00、20:00(1 月、2 月、11 月、12 月在 18:00)观测。

三、流量

非汛期 7～10 d 测流一次,出现洪水时按洪水期测验要求进行。汛期平水期 5～7 d 测流一次;洪水期,每次较大洪峰过程不少于 7 次,中等洪峰过程不少于 5 次,小洪峰过程不少于 3 次。洪峰标准 1.5 m。

四、泥沙

1～12 月全年施测单沙。非汛期 3～5 d 测沙一次。汛期平水期每日测沙一次;洪水期每次较大洪峰过程不少于 15 次,并控制转折点。当含沙量小于 0.05 kg/m³ 时,可用等时距取样,等容积累积法进行处理。沙峰标准 50 kg/m³。

五、泥颗

非汛期 15 d 一次,汛期平水期 10 d 一次,较大洪峰过程取 5～7 次。

六、降水

4～10 月人工 8 段制观测,同时 5～10 月还采用自记观测。其余月份人工 2 段制观测。采用自记观测时段发生故障时按人工 8 段制观测,且记录降雨起讫时间,若出现暴雨,应加测暴雨强度(1 h 观测)。自记观测时每日 8 时、20 时巡视 2 次。

七、蒸发

1～3 月,11 月、12 月用 20 cm 口径蒸发器,4～10 月采用 E601 蒸发器观测。每日 08:00 观测一次。夏季 15 d、冬季 30 d 换水一次。

八、大断面

汛前、汛后各测一次,河床冲淤变化大时随时加测。

九、水尺、水准点

汛前全部测一次,汛后加测洪水期使用过的水尺、水准点一次。

十、水化

每月送样一次,或听候通知送样。

十一、墒情

每月 10 日、20 日、月底最后一天对张家山、三原、阡东进行墒情监测。

第五节　水　质

1958 年张家山水文站成立分析室,1971 年撤销,水样送陕西省水文总站省东水文分站分析室(马渡王)分析。1985 年 6 月送至陕西省水文总站中心分析室(现陕西省水文水资源勘测局下属的陕西省水环境监测中心)分析。主要分析项目有重碳酸根、碳酸根、硫酸根、氯离子、钾离子、钠离子、钙离子、镁离子等。

经过多年分析,已初步掌握了泾河的水化学成分,泾河中下游离子总量为 500～700 mm/L,属重碳酸盐钠组,为中等硬水,泾河亭口以上总硬度出现大于 25.2 德国度,同时有硫酸盐类型水出现。随着冶金、化工工业的发展,大量废水排入河道,造成地表水污染,为掌握污染源和污染程度,陕西省水文总站水资源科 1977 年开始设立污染监测断面,其中当年在泾河设有桃园断面,1980 年设立张家山断面。

张家山水文站每年双月送样,多数固定在双月的 10 日,或随时通知送样,自 2016 年起每月送样。送样时填写统一制作的送样表,见图 4-7。

测次编号:2015-3										采样时间: 2015 年				6 月		10 日			8 时
水系:泾河		河名:泾河		断面名称:张家山				地址:陕西省泾阳县王桥镇岳家坡村赵家沟											
采样方法:中泓一点						水位:			m			流量:					m³/s		
水面宽:				m		水深:左		中		右		m		气温				℃	
水样现场处理	位置\项目		溶解氧				酚、氰				重金属				砷、油类				硫化物	
	垂线	左	中	中	右	左	中	中	右	左	中	中	右	左	中	中	右	左	中	中	右
	瓶号	上																		
		下																		
	处理方法	先加1mL Mnso₄,再加碱性KI 2mL				加NaoH颗粒 pH>12								加H₂so₄ pH<2				加硝酸		
	位置\项目		阴离子洗涤剂				原状水				细菌				BOD₅				侵蚀性	
	垂线	左	中	中	右	左	中	中	右	左	中	中	右	左	中	中	右	左	中	中	右
	瓶号	上																		
		下																		
	处理方法					✓														
污染现象观察:(色、嗅)									备注:										
采样人:			收样人:			年		月		日										

图 4-7　陕西省水质监测采样记录表

第六节 泥 颗

陕西省水利厅原副总工余光夏经过多年研究,曾提出泾河水沙具有"三集中"现象:一是水沙集中在汛期7月、8月、9月三个月;二是水沙集中于汛期的几场洪水;三是水沙往往比较集中于当年的一个最大的洪峰,其输沙量约占全年输沙量的1/3,当为丰沙年时,可能此次洪峰的输沙量比多年平均输沙量2.7亿 t 还大。

由于泾河泥沙研究的重要性,张家山水文站除观测泾河含沙量外,同时还分析其泥颗粒径。

1956 年张家山水文站本站采用筛分法开始泥颗分析。1958 年正式成立张家山分析室,用比重计分析,1968 年改为粒径法分析。1971 年撤销张家山分析室,泥颗送样至陕西省水文总站省东分站(马渡王)分析,1983 年改为移液管分析(马渡王)。1993 年泥颗送样至陕西省西安水文水资源勘测局(长安韦曲)分析。

经过对多年分析结果的分析,掌握了泾河的泥沙颗粒级配的变化情况,泾河张家山站多年平均中数粒径为 0.035 mm,平均粒径为 0.045 mm。

泾河泥沙颗粒较细,其高含沙浑水的流变性不符合重力作用规律,属宾汉体,为伪一相流。黏粒($d < 0.005$ mm)占 20%,由于小于 0.01 mm 的颗粒带电,而使高含沙浑水具有絮凝、浆河和"揭河底"冲刷等现象,并具有极大的挟沙力。古人云:"泾水一石,其泥数斗",实测泾河最大含沙量 1 430 kg/m³(折合 470 kg 水,可挟带 1 430 kg 泥沙)。

根据 1964～1980 年实测资料计算得泾河张家山站悬移质泥沙颗粒级配见表4-1。

表4-1 泾河张家山站悬移质泥沙颗粒级配表

年份	平均小于某粒径沙量(%)					中数粒径（mm）	平均粒径（mm）
	0.005 mm	0.01 mm	0.025 mm	0.25 mm	0.5 mm		
1964～1980	11.0	19.5	37.2	99.0	99.7	0.035	0.045

第五章 水文情报

水情报汛是水文测报工作中极为重要的一部分,直接服务于社会,为抗洪抢险、抗旱救灾提供依据,最能体现水文工作的时效性。

第一节 水情工作历程

1934年,张家山水文站利用泾惠渠电话线路向黄河水利委员会报泾河水位流量。

1936年,全国经济委员会制定"各河流报汛办法"16条,规定每日上午8时、下午4时各发报一次,报告水位及流量,每日上午9时电报雨量。

1946年1月,国民政府行政院水利委员会重新颁发全国统一的"报汛办法"18条,规定了对水位、流量、雨量、冰凌的拍报要求和电码形式。

1952年,水利部颁发"修正报汛办法",张家山水文站租用电台报汛。

1958年,水利电力部再次修订"水情拍报办法"。

1959年,张家山水文站开展洪水流量预报。

1960年,张家山水文站设立电台报汛。

1964年12月,水利电力部又颁布了《水文情报预报拍报办法》,1985年3月,水利电力部颁发《水文情报预报规范》。

1965年11月,张家山水文站架设专线电话报汛。

1996年8月,陕西省防汛抗旱总指挥部办公室编写了《陕西省防汛手册》,其中列出泾河张家山站警戒流量为3 000 m³/s,保证流量为7 200 m³/s。

2006年,水利部颁布《水情信息编码标准》(SL 330—2005)。

2013年,陕西省防汛抗旱总指挥部发布《陕西省水情预警发布管理办法(试行)》,规定:张家山站警戒流量3 000 m³/s,保证流量6 000 m³/s,洪水蓝色预警2 000 m³/s,洪水黄色预警3 000 m³/s,洪水橙色预警6 000 m³/s,洪水红色预警10 000 m³/s。张家山站枯水蓝色预警2.0 m³/s,枯水黄色预警1.0 m³/s,枯水橙色预警0.5 m³/s,枯水红色预警河干。

第二节 泾河张家山站以上洪水测报控制情况

泾河张家山站以上131 km处有景村水文站,区间集水面积2 935 km²,其间有三水河、百子沟、姜家河、通深沟、金池沟、太峪河等汇入。

(1)三水河,流域面积1 321 km²,河长128.6 km,河流弯曲度1.56,流域平均宽度10.86 km,河床比降5.5‰。流域狭长(平均宽度10.86 km),支流密布,呈典型的不对称羽状水系。平均流量2.78 m³/s,年平均径流量0.94亿m³,平均年径流模数7.19万m³/km²,平均含沙量32.4 kg/m³。

（2）金池沟，流域面积 97 km²，河长 26.3 km，河床比降 27.7‰。

（3）姜家河，流域面积 133.3 km²，河长 41.6 km，河流弯曲度 1.21，流域平均宽度 3.20 km，河床比降 24.0‰。

（4）通深沟，又名润镇沟，流域面积 99.2 km²，河长 30.7 km，河床比降 29.1‰，河谷平均宽 10 m，下游常流量 0.55 m³/s，多年平均径流量 465 万 m³。

（5）太峪河，流域面积 226.2 km²，河长 35.1 km，河床比降 13.8‰。

泾河张家山站洪水多数发生在干流景村站以上。

第三节　泾河张家山站上游控制站

泾河张家山站以上干流上设有景村水文站，支流三水河上有芦村河水文站，各水文站分布见图 5-1。

图 5-1　泾河景村水文站—三水河芦村河水文站—泾河张家山水文站水系图

一、景村水文站

景村水文站位于彬州市景村,为泾河中游干流控制站、国家重要站、中央报汛站。1963年建站,2015年有职工7人。下属分布于彬县、旬邑、永寿三县10处雨量站。景村站集水面积40 281 km²,距河口里程189 km。警戒流量4 000 m³/s,保证流量6 000 m³/s。泾河洪水均由夏季和初秋连阴雨形成,洪水出现时间与暴雨出现时间相应。最早在7月上旬,最迟在9月下旬,7月、8月两月洪水最多,峰型胖,且为复式,洪峰涨落慢;沙峰一般滞后出现,有时也同时出现;水位—流量关系为绳套曲线。设站目的:收集泾河流域中游段基本水文资料,掌握水量、沙量变化规律,为开发利用泾河水利资源提供科学依据,为防汛工作提供水文情报预报。测验项目有泾河水位、水温、流量、含沙量、泥颗、水化以及降水、蒸发等。建站以来最大流量8 150 m³/s(1966年7月27日),实测最大含沙量1 060 kg/m³(1963年7月23日)。

二、芦村河水文站

芦村河水文站原为刘家河水文站(设立于1958年6月,至河口里程5.6 km,集水面积1 310 km²),1989年3月上迁6.0 km而得名芦村河水文站,地处泾河一级支流三水河下游的陕西省彬州市香庙芦村河村,集水面积1 294 km²。淤泥卵石河床,$Z \sim Q$关系受附加比降和冲淤影响。测站高程使用基面为假定基面。测站观测项目为水位、流量、含沙量、降水量等。流量测验以流速仪吊箱或浮标为主,泥沙测验以横式采样器为主。设站以来最大流量为1 310 m³/s(刘家河站,1979年7月31日),最大含沙量738 kg/m³(1982年5月26日)。

第四节　报汛任务

张家山站报汛任务主要是泾河水位、流量、泥沙,同时拍报雨情站雨情及泾惠渠水情。

为及时、准确、有效地传输实时水情信息,更好地为防汛抗旱、水资源管理和国民经济建设服务,规范水情信息编译传输程序,加强水情工作管理,提高报汛质量,现在依据《水情信息编码标准》(SL 330—2011)和《水文业务工作质量评定与管理办法》进行水情拍报工作,其拍报任务依据2011年拍报任务表(见表5-1)进行说明。

表5-1　泾河张家山站2011年水情任务表

序号	站名	站类	拍报日期		雨量							水位				流量				含沙量	
			起	至	日	旬	月	暴雨加报(mm/h)	时段加报		冰雹	基本段次	洪水加报			相应	实测	旬月均值	月最大、最小	起报标准	旬月径流、输沙量
									标准	段次			起报流量	涨	落						
1	张家山	常年	0501	1101	√	√	√		1	12–12	√	2-2	500	12	12	√	√	√	√	100	√
			1101	0430	√	√	√					1-1				√	√	√	√		√
2	张家山（渠）	辅助	0501	1101		√	√						500	8	4	√	√			200	
			1101	0430													√				

续表 5-1

序号	站名	站类	拍报日期 起	拍报日期 至	雨量 日	雨量 旬	雨量 月	暴雨加报 (mm/h)	时段加报 标准	时段加报 段次	冰雹	水位 基本段次	洪水加报 起报流量	洪水加报 涨	洪水加报 落	流量 相应	流量 实测	流量 旬月均值	流量 月最大、最小	含沙量 起报标准	含沙量 旬月径流、输沙量
3	通远坊	常年	0501	1101	√	√	√		1	12–12	√										
			1101	0430	√	√	√														
4	窑店	常年	0601	1101	√	√	√	20	10	4–4	√										
			1101	0531	√	√	√														
5	南坊镇	常年	0601	1101	√	√	√	20	10	4–4	√										
			1101	0531	√	√	√														
6	樊家河	常年	0701	1101	√	√	√	20	5	8–8	√										
			1101	0630	√	√	√														
7	赵镇	常年	0701	1101	√	√	√	20	5	8–8	√										
			1101	0630	√	√	√														

　　为了准确拍报泾河洪水变化,张家山水文站每年或较大洪水过后均及时根据洪水情况修订报汛曲线。2015年年初绘制的报汛曲线见图5-2。

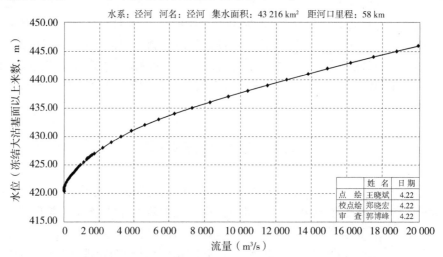

图 5-2　陕西省张家山(二)站 2015 年报汛曲线图

第六章　测站管理

张家山水文站设立以来,逐步发展,测站管理方面在陕西省各水文站也具有代表性,具体情况如下。

第一节　测站房屋情况

一、站院土地及房屋

1992 年,张家山站土地使用证上占地 1.54 亩和 1.57 亩,实际只有 2.87 亩(1 914.6 m²),到 2007 年前围墙内实际面积 1 450 m²,站外面积 265 m²。2015 年 5 月 28 日补发土地证,土地性质为科教用地,来源为划拨,占地 1 715 m²。

1954 年 6 月,建成土木结构房 141.86 m²,见图 6-1。1982 年,拆除部分旧房,建二层楼房,建筑面积 295.5 m²(占地 146.8 m²),修建围墙 195 m;2000 年,拆除面南旧有厦房,新修灶房 1 间,建筑面积 30 m²。2013 年 11 月至 2014 年 5 月,对二层办公楼进行了改造,改造后有一室一厅一卫一厨 5 套,办公室 2 间,水情室 1 间,站长室 1 间,见图 6-2 ~ 图 6-4。

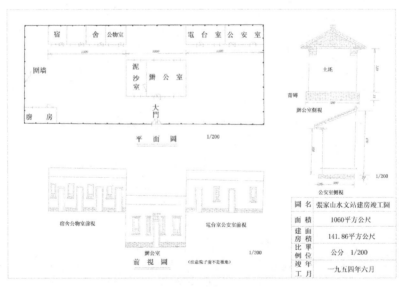

图 6-1　张家山水文站建房竣工图
(1954 年 6 月时任站长田新改绘制)

2015 年统计,砖混结构站房面积 295.5 m²,2 层,砖混结构灶房面积 30 m²,砖木结构卫生间面积 15 m²。

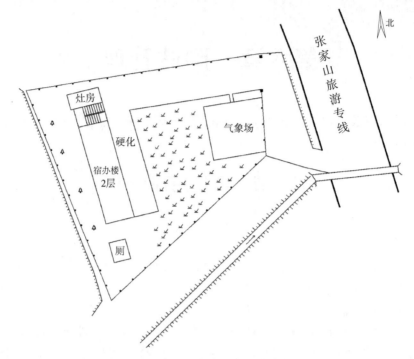

图6-2　2014年1月张家山水文站站院平面图

图6-3　2014年张家山水文站宿办楼立面图

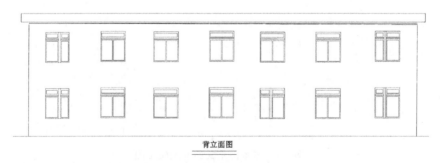

图6-4　2014年张家山水文站宿办楼背面图

　　站外渠南侧有0.433亩的气象场用地,原为气象场,后用作种植,使用权为张家山水文站,曾向村民出租耕种,现为本站职工赵德有耕种。

二、河道房屋

1952年河道修建窑1孔(现浮标投放器崖下),1966年河道建设厦房2间,该房1997年被毁。1968年在厦房以东坎下挖窑2孔;1974年建中断面砖箍观测窑洞1孔,建筑面积47.0 m²;1977年修建砖混结构浮标房1间,建筑面积9 m²,2009年冬季被采砂者毁;1984年在观测窑顶修建砖木结构鞍鞯房5间,建筑面积93.5 m²,2001年被人烧毁3间,剩余2间,建筑面积42.5 m²,2015年对所剩2间观测房进行维修。

张家山水文站河道房屋布设见图6-5。

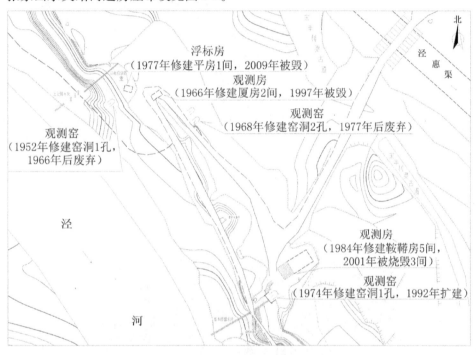

图6-5　张家山水文站河道房屋布设图

第二节　土地来源

(1)民国时期,张家山水文站和泾惠渠管理局张家山管理处同在一处办公,其站址平面地形图见图6-6。

(2)1954年4月3日张家山水文站以"张水字第028号"购买群众李志云耕地,修建站房;1955年3月又以"张水字第015号"购买群众赵启奎耕地,修建气象场,以上两处购地均经泾阳县七区西苗乡政府从其土地证内下粮转为生产地,经办人:田新改。

1988年12月张家山水文站记载:1955年购买土地1 026.6 m²为建设气象场用,后经1973年与生产队协商兑换一部分,与原1.57亩站址相连,为现站址计2.35亩;其余一部分1978年与生产队协商再次兑换为现大门南约120 m处的0.433亩,现在两处实有土地2.78亩,原两处共购土地3.11亩,其差数为兑换之差误及抽水站干渠占地所致。

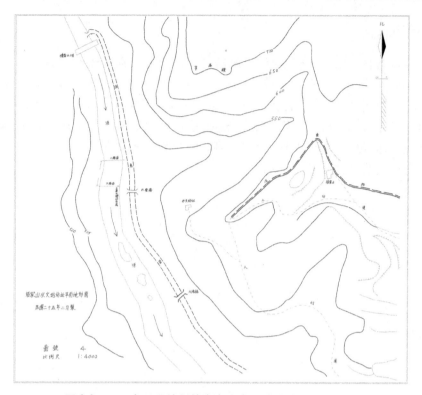

图6-6　1936年2月绘制的张家山水文站站址平面地形图

张家山水文站占地变动情况示意图见图6-7。

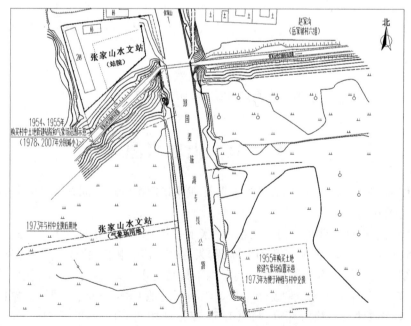

图6-7　张家山水文站占地变动情况示意图

（3）1991 年 7 月 21 日，泾阳县人民政府土地管理局向张家山水文站发放土地使用证，核用占地面积 1 914.6 m²（2.8 亩）（包括围墙外 286.6 m² 和河道用地），经办站长：张书信、王君善。

（4）2015 年 5 月 28 日，补发土地证，土地使用权人：陕西省西安水文水资源勘测局（张家山水文站），土地性质为科教用地，来源为划拨，占地 1 715 m²，折面积为 2.57 亩（包括墙外 0.40 亩），经办人：王晓斌。

第三节　交通、通信、水电

一、对外通信

对外通信：1934 年，泾惠渠管理局架设环境电话，联通张家山水文站及泾惠渠管理局。1937 年底，王桥镇通电话，曾用电报报汛，但时效性很差。1951 年，租用邮电部门电台报汛。1960 年，设置电台报汛。1965 年 12 月 27 日，投资 9 600 元架设站至石桥（现桥底）14.5 km 专线电话。1986 年，王桥设总机，投资 4 000 元整修站至王桥邮电所电话线路 6 km。1990 年，改制为自动电话。

1993 年，曾计划在北仲山设立超短波中继台，后只在张家山水文站宿办楼二楼顶架设天线，同时配备电台、对讲机。2008 年，电台彻底停用。

站至河道电话线路：总长 2 km，1979 年 10 月修建，2004 年被毁。1979 年 10 月还新建站至张家山渠首站电话线路 2.7 km，1997 年毁。

二、网络

站院办公上网账号于 2009 年 1 月 4 日开通。

河道上网账号于 2010 年 8 月 18 日开通，采用 VPDN（Virtual Private Dial-Up Network）虚拟专用拨号网业务传输河道视频信号。

张家山水文站 QQ 于 2010 年申请使用，用于发报。

三、河道交通

站至河道交通需要跨越泾惠渠，以前在泾惠渠上架设有便桥，同时需要穿越一个隧道行至河道。1993 年，拆除便桥，修建了砂石过渠道路。2011 年，因采砂猖獗，过渠道路被泾惠渠管理局挖断，后得到恢复，但仍遗留一个大坑，车辆行驶困难。

四、电力

1976 年，架设河道动力线路 660 m；1985 年 1 月，与木梳湾抽水站协议共用 20 kV 变压器。2011 年 5 月 31 日，对抽水站至河道 460 m 线路全部进行更换。抽水站至站院 220 m 动力线路，2008 年报废，同年站院改用村中农电。2016 年，站院供电用电户名由个人更名为陕西省水文水资源勘测局张家山水文站，河道用电仍用抽水站灌溉用电。

五、饮用水

1954年,水文站搬迁到赵家沟,在站院中间打井一口,一直使用井水。1991年11月10日,通过协议使用岳家坡村自来水,因给筛珠洞抽水站报汛,起初每年赠送200 m³ 水,后来不报汛,每年水费及管理费由岳家坡村中水管员收取。

第四节　站务管理

张家山水文站站长、职工均由上级分配。站长根据规章制度对工作进行分工、考勤。职工工资、奖惩均由上级主管单位主导。以下用实例予以说明:

例1:由站长进行工作分工

关于本站职工分工表

（1956年）

站长:田新改

田新改:负责站务,督导学习,检查工作,掌握思想,领导解决技术问题,报告之草拟,处理公文,测绘工作分析研究,资料成果,指导施测流量及含沙量输沙率,并校核下列报表:①浮标及比降流量;②糙率系数计算;③浮标系数;④大断面;⑤水情电报;⑥过坝流量系数;⑦资料整理;⑧泥沙颗粒分析;⑨财务报销,并监督贯彻执行计划等。

杨天禄:负责河道测验工作及渠道输沙率,保管测量仪器及资料图书,负责向泾河管理局报告水情,校核流量、含沙量,计算输沙率,财务保管及刻印工作,计算比降、流量,大断面之计算及绘制。缮写下列报表:①流速仪;②浮标;③大断面;④水尺考证。每月(旬)终了收集报表,详细检查,定时送审、备案,汛期水情电话并协助检查工作,水文气象资料整理。

申定敏:负责渠道输沙率测验工作,计算流量(流速仪及浮标),流速仪之养护及缮表工作及公文收管缮写工作,校核水位及比降水位,绘制逐日水位过程线。汛期应用仪器以交会法确定浮标位置,观测气象,并学习泥沙颗粒分析工作。

陈天禄:负责含沙量测验(包括单位水样与输沙率测验),担任含沙测验,并负责计算、过滤、烘干、包装等工作,担任采购工作与伙食管理。协助测流工作,并缮写下列报表:含沙量成果表、输沙率表,并绘制每次断面及含沙测量图。

高树茂:专门负责水位观测,计算水位,汛期负责置换法试抓沙峰,测量时掌握测船及操纵投掷悬杆,保管断面一切公物,检查测船及涉水测深工作。

高启胜:负责炊事工作及担水,包括取站、管理站表,掌握起床时间,打扫院落及其他后勤工作。

王俊明:负责观测水位,协助测流及取沙工作,计算水位及其他相关测验工作,学习缮写阿拉伯数字(每日起码500字)。

李士杰:工作同王俊明,学习缮写阿拉伯数字。

另外在当年,汛期还有两名电台工作人员及两名护卫电台的民警。在洪水期还雇用当地村民2~3名。直接参与水文工作的有12人以上。同时成立了水位组和测验组。

水位组工作任务：

（1）无论汛期或非汛期，必须正确获取水位资料，坚决杜绝伪造及差前错后，以保证成果质量。

（2）浮标测验前，必须做好测验前之准备工作，如浮标之绑扎、悬挂，断面标志之设立，流速仪测量前如悬索铅鱼（或悬杆）等带至测船上，测船设备之检查等。

（3）水位组同志应明确分工，在汛期建立明确的轮班制度并照实执行。

（4）汛期含沙洪峰涨落期，应用置换法抓沙峰。

（5）在汛期或非汛期之水位观测应严格遵守规范之规定进行。

测验组工作任务：

（1）无论汛期或非汛期，必须全部掌握河道流量、河道及渠道输沙率测验工作，单位含沙水样测定工作。

（2）汛期或非汛期测量前，必须做好下列准备工作：①全部测具之携带；②根据水位确定测量位置及数目；③输沙率测验时，应提前通知有关人员准备沙筒；④提前通知水位组做好测量前之准备。

（3）流量测验必须据实遵守测验任务书中之技术规定操作。

（4）输沙率测验及水样处理完全按照规定进行之。

（5）气象观测工作亦应遵照地面观测部门进行。

（6）内业计算校核工作应尽量当日做完。

（7）普通测量及绘图工作应遵照规范规定进行。

1956.6.1

例2：工作事件由站及时上报

我站测工不幸被水溺亡的报告

（张水字第049号）

七月二十六日早饭后，由于泾河水位降低，流量不大（二十五日上午8时流量63秒公方），决定将钢丝绳由河的左岸拉向右岸，在当时研究时，又考虑测船上坏了桨，结果由大家决定先由大救生圈把麻绳缠上，过去的人带上小救生圈把大救生圈推过去。

但在执行过程中没有按原来研究的情况执行，高树茂同志提出究竟推大救生圈呢还是去推你们，当时下水的人是申定敏、王俊明、李加文三同志，高树茂指挥这三人先过去。

（当日10时）这三人已安全渡过了河，唯有高自己一人携带小救生圈未带大救生圈把麻绳缠住，而是将麻绳的一端（拴着悬吊流速仪的悬索）在麻绳前边拴着，由活圈拴在自己的右臂上，开始由上比降水尺处下水，向对岸游去，游至断面三分之一处，由于此处水的冲力太大，加上他所带的麻绳已经沉入河底，恰巧挂在河底的大石头上，无法挣脱，但由于麻绳拴在手臂上，因水之冲力很大，他手上所拴细麻绳无法解掉，越拉越紧，越紧越无法挣脱，就在这种紧急情况下，申定敏同志即刻由对岸游来，游在高树茂落水的地方，但因水流甚急无法立足未遂，这时高树茂已经沉在河底（再也没有浮起）。对岸的人即刻进行搭救,并一面打电话给站上,站上当即请了赵家沟村数名会游泳的人下河去救。

到十一时五分拉出水面后,把人抬上岸后即进行人工呼吸及将肚内水倒出,这时所请医生也到,马上打了三支强心针,经急救无效。

这一沉痛教训,我站深知错误严重,实属思想麻痹,警惕不高,未能尽到应有职责,请上级领导给予严肃的失职处分。谨此备文呈上。

一九五六年七月二十六日

例3:2014年的各类管理制度

张家山水文站卫生制度

为了进一步加强测站管理,保障全站环境卫生,特制定本制度,并划分卫生区。具体区域分配如下:

王晓斌:菜地、院内卫生。

郑小宏:菜地、院内卫生。

李亚红:院内卫生、办公室。

郭博峰:菜地、河道卫生。

赵德有:菜地、河道卫生。

以上为各自负责的区域,每星期打扫二次,定期清除杂草。办公楼内卫生共同打扫,观测房卫生由值班人员负责,自己住宿的房间门窗保持干净,特别是每次下雨后必须擦干净。人人相互监督,保障院内外无杂草,干净卫生。卫生工作成绩在年终考核中占评议分1分,有重大影响者占3分。

张家山水文站用电、用水制度

为保障用电、安全用电、节约用电,制定以下制度:

(1)确保安全用电:严禁私拉乱接电线;造成损失,照价赔偿。

(2)节约用电:做到出门随手关灯;减少使用大功率电器,如电炉、电饭锅、电热水器等。每人每月用电15度。

(3)电话应节制使用,公务电话优先使用,私人电话需经站长批准,尽量避免长时间通话。

(4)节约用水:公用水龙头要做到随用随关。

张家山水文站请假、休假制度

休假严格按陕西省西安水文水资源勘测局休假制度执行,严格如实上报出勤记录。

非汛期应协商进行轮休,或者在保证站上工作正常进行的情况下可请休假,每次休假必须提前1天打招呼,并定好天数,中途要续假必须和站上协商(否则按超假处理),无故超假按旷工对待。

请假离站当天不算假,但每人每月不能超过三次,超出者按半天出勤计算。

请假者离站时应给站留有自己有保证的通信方式,并24小时保持开机状态。在站有紧急工作时能及时按要求到站。

涨水期间不能请假,请假者在得知涨水、有紧急事务时应及时返站。

主汛期原则上不准请假,特殊情况下待报请上级领导批准后方可。

张家山水文站工作制度

根据西安水文局各项规章制度,特制定本站工作制度如下:

(1)每周一为政治学习日,并对上周工作进行总结,进行评比。

(2)每周三、周五为业务学习和资料校核日,每月五日前将上月资料汇总校核后,水、流、沙资料交郑小宏保管,降蒸及雨量站资料由李亚红收集保管。

(3)报讯执机人员必须熟悉操作规程、拍报办法和拍报任务书;按时开机联系;如违反,当事人应负责任。

(4)财务人员必须遵守财务制度,每月按时上报财务报单,严禁挪用、私借公款。咨询管理人员要精打细算,账目清楚,合理公开支出并及时向大家公布支出情况,大于50元支出由站务会议研究决定。财务人员所管账务随时接受本站职工查询。所有支出必须站长签字方可进行。

(5)作息时间:07:00起床;07:30~08:30打扫卫生;09:00~10:00就餐;10:00~12:00学习办公;12:00~14:00午休;下午自行安排。

(6)安全制度:每名职工都注意公物及自身安全。要随时关门窗,随时检查测洪设施。上吊箱着救生衣,不能私自下河游泳。注意防火、防电、防雷、防盗。

(7)全站职工要团结一致,以本站工作为大局,坦诚相处,经常互相交流。保持积极向上的精神面貌。积极维护本站利益。对损害集体利益、声誉,搞不团结活动者应谴责。

(8)关系到集体、工作方面的一切活动都必须共同协商。不许把外界不相干的人领进办公地点,不许因自己的交往干扰他人正常工作。不让外人用计算机。

(9)鼓励在干好工作的同时进行创收,联系到项目并实施者联系人提成10%~20%。

(10)鼓励职工出外活动,但不能因自己的交往影响站上正常工作。

以上制度每人应自觉遵守,根据工作成绩在年终考核中进行总评定。

张家山水文站安全生产制度

为做好今年安全生产工作,做到安全度汛,结合我站工作实际,特制定如下安全生产制度:

(1)认真贯彻实施《中华人民共和国安全生产法》、《中华人民共和国水文条例》、《陕西省水文管理条例》和西安水文局制定的《安全生产管理暂行规定》,全面落实安全生产目标管理责任制,逐级逐人落实责任。

(2)强化领导,把安全生产始终放在一切工作的首位。要及时传达贯彻和落实上级在安全工作方面的指示精神,抓好本站职工的安全教育,提高职工的安全意识,牢固树立"安全第一"的思想。

(3)加强安全生产责任心。对各种测报设施、生活设施要做到经常巡视检查,每月最少一次并做好记录。检查水文缆道、浮标投放器、水尺等测验设施是否工作正常,各配件是否锈蚀和松动;检查流速仪、水文信息电话、雨量固态存储器等水文仪器设备是否工作正常;检查供电线路、用电设备是否安全运行。当发现不安全因素,及时消除隐患。不能排除的,及时上报陕西省西安水文水资源勘测局。

(4)每次较大洪水来临前,由负责安全检查的同志对测验设备及时检查,确保安全测验。

(5)涉水测洪时,必须穿救生衣;操作各类测报设施、仪器测具要严格执行操作规程,雨天要避开雷电作业。吊箱测流时,在岸上操作绞关的人员要随时注意水情及吊箱上的情况,保持和测验人员的联系。

(6)搞好"防火、防盗、防破坏"工作。做好办公室、宿舍、仓库、缆道机房的安全生产和安全保卫工作,及时消除各种不安全因素。密切注意河道采砂、取土等破坏水文测验环境的事件,及时阻止和上报。

(7)仪器测具、水文资料、文件档案设专人管理,禁止无关人员随便接触,严防破坏、被盗、丢失和泄密。

(8)严格执行汛期特别工作制度,坚持昼夜值班,严禁空岗和脱岗。

(9)任何人不得单独下河游泳、洗澡,不得在洪水中搭捞木料。离站要请假。不得私自在电网上操作。

(10)由郑小宏负责安全检查工作,发现测验设备有不安全情况时,及时提出,研究解决,对一切不执行安全制度的行为有权制止和批评。

张家山站岗位职责

日常分工:

王晓斌:站务管理,贯彻落实上级文件精神和组织实施目标任务的完成;负责水文技术试验研究、资料校核和整编,组织职工业务、政治理论学习;水文测验;处理上级临时任务,对所有资料进行合理性检查;站务记录。

郑小宏:负责河道测验、全部资料校核;点绘过程线;对全年流量资料负责;负责河道安全,对缆道设施进行检查。

郭博峰:负责洪水时泥沙取样处理,全年泥沙、泥颗资料整理;负责通信设施设备的日常维护保养,参加水文测验。

赵德有:水位观测、泥沙处理、河道安全。

李亚红:降水蒸发观测,雨水情拍报,雨量站资料收集、对照、登记、计算、整理;对全年所有降水、蒸发资料负责;电话记录;站院安全;财务管理。

资料校核阶段原始资料校核分工:

水位:王晓斌计算,郑小宏一校,郭博峰二校;

泾惠渠水位：王晓斌计算，郑小宏一校，郭博峰二校；

泥沙：郭博峰计算，郑小宏一校，王晓斌二校；

泾惠渠泥沙：郭博峰计算，郑小宏一校，王晓斌二校；

流量：郑小宏计算，王晓斌一校，郭博峰二校；

降蒸：李亚红计算，王晓斌一校，郑小宏二校；

水准、水尺：郭博峰测量，王晓斌计算，郑小宏校核。

第七章　水文人物

李仪祉

李仪祉先生（1882.2.20～1938.3.8），原名协，字宜之，陕西省蒲城县人，是中国近现代水利先驱、著名的水利科学家和教育家，被誉为"中国近现代水利奠基人"和"亚洲近代水利科技先驱"。李仪祉先生是近代科学治理黄河先驱、陕西近代水利的奠基人，同时他也是陕西近代水文的开创人。

李仪祉

一、首次在全国提出要重视水文测验

民国11年（1922年）李仪祉发表《黄河之根本治法商榷》论文，指出以科学从事河工的必要性，并分析了黄河为害的原因及中国历代治河方针，提出了治理黄河的主张。首次提出要重视"水事测量"（即"水文测验"）。论文对治黄工作产生了深远影响。

二、首次在陕西成立水文测量队

1922年李仪祉先生任陕西省水利分局局长兼任渭北水利工程局总工程师，10月22日，李仪祉先生任命胡步川为水文测量队长，开展水文观测。测量员共4人，干事1人。1923年（民国12年）加入测量员2人。《陕西渭北水利工程局引泾第一期报告书》记载："测量员按工作之简繁，分配调用于二队间，亦随地做调查研究等事，以总工程师指导一切进行方法，期所费省而收功多。测夫有常用者，亦有临时雇用者，共不出十人。测时以职务之不同，又分作分队"。

三、首次在陕西设立水文站，进行水位、流量、泥沙、降水、蒸发测验

陕西省水利分局局长李仪祉组建的水文测量队从1922年开始在泾河张家山河段进行水文测量。1922年水位记载，已设水则者，有泾河北屯流量站一处，二龙王庙流量站一处（其后发展为现在的张家山水文站），龙洞渠小王桥一处。俱以水准测量，定其零点高程，每日观测河水涨落结果。

《陕西渭北水利工程局引泾第一期报告书》对流量、含沙量、雨量、蒸发量等水文要素观测有以下记载：

泾河流量："现注重常测者，为泾河之水，设测站于二龙王庙及北屯。每星期测二次

以上。附测者为龙洞渠水。大半流量在北屯测得,水发则日测一次。如遇洪涨则因设备未周不克实则。所有流量须自 Rating Curve 推算。所用流量计为泼来式。法则于水深十之六处,或者十之二与十之八处,测其平均速率"。

含沙量:测量含沙量始于1924年6月。"法以探水瓶于距河岸数公尺水面下一公尺处取水样而称之得其重,置于一旁而沉淀之。再称沉沙之重而算其百分数"。

雨量:"本局雨量器,系仿德国科尔曼(Hellma-mn)式自制。已设二所,一在岳家坡,即钓儿嘴处,民国12年6月设立。一在三原,民国12年8月设立。所记载之雨量,并与西安陕西省水利分局(民国12年1月设立)所记载者进行对照"。

蒸发量:1924年8月设蒸发器于西安及三龙王庙。"器为一盆,以苍铅为之,面积一平方公尺,深十六公尺。固置于风日不蔽之旷场中。盆之中立八公分高之锐针一。每晨以量杯注水盆中,使与针尖平。杯之容积为已知,故注水若干,即可算得蒸发量为若干也"。

1932年颁布《泾惠渠管理章程拟议》,其中第十一章第41条泾谷管闸所,设于张家山下渠上,置夫二人。第42条闸夫职务:"(一)启闭引水洞门,(二)启闭排水闸,(三)观察记录泾河水位涨落,(四)巡查西石桥以上之渠身及附渠建筑物"。

1934年张家山水文站正式成立后,陕西省水利局局长李仪祉多次批文对张家山水文站工作进行安排、指导。

四、首次进行水文站网布设

1924年8月,陕西省水利分局局长李仪祉派人携带量雨器记载格式前赴濒泾各县设站6处。同年又令行本省濒泾各县派人来局学习记载,携带仪器回县设站5处。惟甫经成立,呈报记载着寥寥,且多不合式,不可用。其中属于陕西者有淳化、礼泉、彬县、长武、旬邑,属于甘肃者有正宁、环县、庆阳、平凉、泾川、镇原。

五、首次在陕西开展水情报讯

1932年3月15日,陕西省建设厅厅长李仪祉派洪益美在邠县(现彬州市)设立邠县泾河水标站,并制定《邠县泾河水位观察及报汛规则》,该站当年3月26日起正式观测,以电话报汛,从泾阳转到张家山渠首。1934年9月改设泾河亭口镇水文站,为陕西省最早的上游报汛站。

六、首次对陕西水文、黄河水文站网进行规划

1932年4月7日,陕西省建设厅会议提议《拟设立本省各河水文站请公决案》,计划在6河共设水文站19处,李仪祉批示通过。1933年6月9日,陕西省政府政务会议通过由李仪祉提议的《陕西省测水站规划及其设置组织大纲》。该大纲在全省规划布设水文站27处、水标站12处。1934年1月,黄河水利委员会委员长李仪祉制定出《治理黄河工作纲要》,提出了以现代水利科学方法治理黄河的工作要点,对水文测站的布设提出了具体规划地点,计划在黄河布设水文站21处、水标站11处、气象站7处。

七、首次组织人员在陕西开展洪水调查

1933 年 8 月 8 日,泾河张家山洪峰达 9 200 m^3/s,水位涨至卧牛石脚。本次洪水是黄河特大洪水的主要来源,洪水过后,黄河水利委员会委员长兼工程师李仪祉先生派挪威人安立森工程师对张家山河段泾河洪水情况进行调查分析,推算了洪峰流量,这是陕西省最早的洪水调查。

八、为陕西水利事业奠定了理论基础

民国 12 年(1923 年),李仪祉根据勘测资料,编写了《陕西渭北水利工程局引泾第一期报告书》,次年又完成《勘察泾谷报告》《引泾第二期报告书》,写出了《论引泾》《考察龙洞渠报告》《测勘黄、渭航道报告》等科学论著,并在 1932 年亲手创办《陕西水利月刊》,后改名为《陕西水利》,成为现今陕西省水利厅主管、陕西水利系统唯一公开发行的水利行业综合指导杂志。这些论著和刊物影响深远,为陕西的水利事业奠定了理论基础。

李仪祉先生的很多论著后来被收入《李仪祉水利论著选集》(水利电力出版社,1988 年 11 月)。

附:李仪祉先生著作《说量雨及制雨量图法》(摘录)、《探水样器》。

说量雨及制雨量图法(摘录)

(本篇多取材于 Keilhack,Lehrbuch Der Praktischen Geologie)

李 协

量雨器

量雨之事,所欲知者天空降落之水无蒸发、无渗漏、无流泄则其覆于地上也,为若干厚。以公厘或其十分之一计之。英、美诸国则以英寸计之,所用之器名曰量雨机(Regenmesser)。量得之数盈月则计其总数,盈年则计其总数,积有多年则共总之。而以年数除之得若干年内一年之平均雨量。惟观测之事,求其精确甚难,欲免疵累不可不注意下列数事:

一、量雨器之构造,赫尔满(G. Hellmann)曾用各种构造不相同量雨器,使其他关系俱同以量雨。而所得结果彼此各异,其相异之原因大概由于受雨口面之形式、大小不同及其他足以致蒸发者,有微有粗也。但因此所生疵累甚小,于实事无妨碍也。

以各种量雨器量雨,则其得数最大者自必为最精者,在普鲁士王国测象台所用者皆为亥尔满制(如图一),A 为受器以白漆铁片制之,高四十公分,上口镶黄铜圈刊成尖锐之沿,其口面积恰为二〇〇平方公分,其下端作露斗形套于积雨器 B;此器置于套器 C 中,周围俱以空气隔绝之,每早七时以积雨器内所盛之雨(若系霄、雹等类,先严闭器口,置于稍暖之室中融之)倾入一量杯内,量杯每容二立方公分作一划,适等于雨量高十分之一公厘(200 平方公分×0.01 公分 = 2 立方公分),故雨量之高低可以一目了然矣,惟观察时所应注意者应以杯内水面之中部为准,而视其与若干画相齐,若视其黏附玻璃者则过高矣。

二、量雨器之安置,据威尔多(H. wild)、赫尔满及拜贝尔(Jvan Bebber)之试验,凡安

置量雨器必顾虑风之情形,否则测验结果必大差,风加于量雨器上愈力则其所受之雨愈少,盖风薄受气内面激成旋飙,则雨难入积器,而尤以雪、霰为易受风入而复出,凡地势愈高则风愈烈,昔有以量雨器置于高塔上者,其慎甚矣,西贝尔希(A. Sieberg)曾在阿痕(Aachen)测验所,以四年作种种不同之观察(一九〇一至一九〇四年),而比较其得失如下表:

			冬令	春令	夏令	秋令	终年	
1	避风	一公尺高	184	183	186	224	444	公厘
2	未避风	一公尺高	176	174	177	216	743	公厘
3	未避风	二二公尺高	87	102	132	134	455	公厘
1 - 2 之差			8	9	9	8	34	公厘
			4.3	4.9	4.8	3.5	4.5	百分之一
1 - 3 之差			97	81	54	90	322	公厘
			52.7	44.3	29.0	40.2	42.7	百分之一

由此观,安置量雨器之适当与否为必要之问题。凡地方常遇之风,必设法避之,避风之法安近房屋或树木之旁,令风为之遮蔽,而房屋树木与器之距离,至少须与其高等,如图二。受器口面高出地面须恰为一公尺。惟山中积雪,常甚厚,置器宜高至二公尺。冬令于器内平放一十字栏,亦以金类片为之,以防雪被风吹出器外。

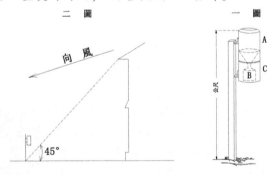

二 圖　　　　　　　　　一 圖

（摘自《河海月刊》,1918 年第 2 卷第 1 期）

探水样器
李 协

予在陕西泾河测验河中含沙之量,自制一器。其式如下:第一图 A 为水瓶,以白铜制之,内径十公分,口径三公分又半,内高十七公分,容积一公升。B 为底版二层,径十四公分,厚二公分,以铅或铁为之,所以拖瓶,亦以加重,使易入水。版具四孔,以入直杆。C 为直杆,四根,以铁或铜为之,下直上略曲,贯底版之孔,下端作环以承之,其上曲端先转之向外,如图中虚线所示,纳入瓶乃转之共向内,扣入瓶口缘中。瓶口缘平面视如第二图,以黄铜制,有孔(1～1 等)四,以容闭瓶绳,有鹰嘴四(2～2 等),以容直杆。瓶纳入后,略旋转之,套杆入鹰嘴中,而以螺捺 A 紧之。S 为瓶塞,以铅为之,上镶以黄铜版 g,以螺旋 h 紧而为一,黄铜版亦有四孔,与瓶口缘之四孔相当,贯以绳,放大示之如第三图。绳一端有结，自塞上镶版孔贯以绳，穿瓶口缘孔，绕其沿而上，四绳总结为一（第一图N），瓶塞上之螺旋h上端作环系以绳m。

　　用时提紧N绳瓶口自闭，沉全器入水，至相当之深。放松N绳，而提紧m绳，则瓶口自开，初恐水入瓶内不易，故加以L绳，略倾其器，但实际可以不需，水自能入瓶内，俟盛水满复放松m绳，而提紧N绳，瓶口复闭，随援出水。

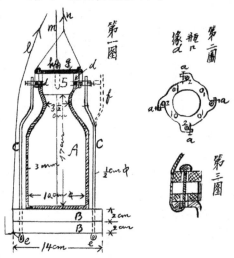

（摘自《河海周报》，1926年第15卷第6期）

胡步川

　　胡步川（1893.8～1981.7），谱名尔林，名正国，字竹铭，号步川。浙江省临海市人。1916年毕业于浙江省立第六中学，次年考入南京河海工程专门学校。1921年，毕业留校任助教。1922年随师李仪祉来陕西省任渭北水利工程局水文测量队长，查勘泾河水文及地理形势，筹建泾惠渠工程，设立泾河二龙王庙水文站，开创了陕西水文工作，后来该站发展为张家山水文站。1924年，在赵家桥泾河断面测流，年底，受命至汉中测量，任汉中水利工程处主任工程师，设计实施汉惠渠工程。1925年，应李仪祉邀请任西北大学工科教授，掌教测量学、钢筋混凝土学及木结构学。1927年1月至10月，任陕西省建设厅第二科科长。1928年，任华北水利委员会工程师。1929年，任金清闸工程处主任工程师。

胡步川

1935年，复入陕西，参加渭惠渠、洛惠渠工程建设，4月22日任陕西渭惠渠工程处工程师兼总务科科长。1938年，任渭惠渠管理局局长，后兼陕西省水利局代局长。1947年，任陕西省水利局技正，直至陕西解放。1950年，任陕西浐、霸河堵口复堤工程处主任，复调西北军政委员会水利部主任、工程师、水利处长。1953年，任西北水工试验所所长。1957年，任中央水电部水利科学研究院水利史研究所所长、主任、四级编辑。1973年，退休回乡。

胡步川不仅技术精湛，而且知识渊博，工长文字、诗词、书法，并以此反映社会动态、人民生活劳苦，歌颂水利带来的昌盛生机，这些都体现在他大量论著、诗文、笔记之中，为研究水利发展积累了宝贵史料。

著作论文有：1922 年在《河海周报》发表《水功略述》；1925 年编写《钢筋混凝土学》，作为西北大学教本；1928 年在《学衡》发表《东征杂诗》《西安围城诗录三》；1932 年在《水利》发表《浙江黄岩西江闸工程之进行（附照片）》；1933 年在《水利月刊》发表《浙江黄岩西江闸工程之完成》；1935 年在《浙江青年》发表《金处温台五属巡礼》；1937 年在《陕西水利季报》发表《本年陕西水利建设及今后展望》；1940 年在《陕西水利季报》发表《艮斋忆剩》《仪师事迹》《渭惠渠第二期工程纪略》《汉南一瞥》《前题次韵》；1941 年在《陕西水利季报》发表《纪念仪师从振兴陕西水利说到改善农作》；1947 年在《陕西水利季报》发表《陕西泾渭梅黑水利史实》《引泾工程浅说》；1950 年在《中国水利》发表《西北农田水利行》；1951 年在《自然科学》发表《陕甘宁老根据地的水利建设》等。

他发表的《西北农田水利行》一文概括地总结了西北地区三皇五帝至民国时期的水利发展史实，文笔流畅，言之有据，实为水利启蒙读章，对研究陕西及西北水利发展史有一定价值。编著《李仪祉全集》《李仪祉年谱》。自撰《雕虫集》，其中包含 1922～1924 年他作为渭北水利工程局水文测量队队长在测量泾河水文及地形期间的记事及当地情景诗篇 50 多首。

附：胡步川所作泾河张家山河段测流记事诗两篇

病中测泾河流量溺水（一）

胡步川

（1922 年）

扶病持落放小舟，风波招我落江流。
寻常湿足还嫌浊，此日冲冠亦不尤。
死里逃生遑论力，闲中思痛反生忧。
此番若向龙宫去，也算平生一愿酬。

注：予一人放舟测流量，倒横绳，遇急以手拉绳，而舟随流去，人亦溺水中，帽及眼镜、手套等皆为水冲走，而人徐依绳生还。时值严冬，四肢俱冻僵。

壬戌癸亥两溺泾河扶病回三原

胡步川

（1923 年）

壬癸流年值水忧，两重灾难速传邮。
池阳师友遥相望，涕泪横流一楚囚。

（以上两首诗均为胡步川的外孙女刘小梅女士提供）

刘钟瑞

刘钟瑞(1900～1976),字辑五,河北省南皮县人。民国11年(1922年)南京河海工程专门学校毕业。曾任陕西省水利局技士,陕西省渭北水利工程处主任工程师、渭惠渠工程处副总工程师兼主任工程师和管理局长、汉惠渠工程处主任工程师和总工程师、湑惠渠工程处总工程师。1922年10月22日,民国陕西省水利分局局长兼渭北水利工程局总工程师李仪祉组建测量队,借调陆军测量局人员测量地形和路线,水文测验聘用陆地水文与地质专业人员,任命刘钟瑞为陆队队长,对张家山泾河河谷、引泾灌区地形进行勘测,观测岳家坡(现张家山水文站所在行政村)雨量站雨量,开展水文观测工作。民国35年(1946年)4月任陕西省水利局局长兼沣惠渠工程处总工程师和渭惠渠管理局局长,继续进行"关中八惠"等工程的建

刘钟瑞

设工作。1949年5月西安解放后,继任陕西省水利局局长。1950年调水利部任工务司司长。1953年任黄河水利委员会总工程师。1955年任贵州水利厅副厅长。1976年5月病故。曾参与了泾、洛、渭工程的勘测设计与兴建,主持了汉中"三惠"的建设与管理,撰写了许多水利专著,从实践和理论上对陕西水利做出了特有的贡献。

著作有:1926年在《河海周报》发表《绥远水利概况绪言》;1929年在《华北水利月刊》发表《陕西渭北灌溉工程》《出席中国工程学会年会报告书》;1934年在《水利月刊》发表《泾惠渠渠道计划之研究》;1938年在《陕西省水利季报》发表《忆义师》《陕西省水利事业述要》《印度桑新河上干渠防砂问题》;1940年在《陕西省水利季报》发表《城固县水利志》;1941年在《陕西省水利季报》发表《陕西水利工程之孕育时代》,在《中农月刊》发表《汉江上游农田水利事业之概况》;1942年在《陕西省水利季报》发表《汉惠渠清丈测量告民众书》《陕南水利新兴事业之概况》《褒惠民渠灌溉工程释疑》;1944年在《行政院水利委员会特刊》发表《褒河水利之展望》;1945年在《水利委员会季刊》发表《加立福尼亚州中谷工程概述》《大库里坝及哥伦比亚河谷灌溉工程》《波伊西灌溉工程》《欧瓦西灌溉工程》《哥罗拉多河工程波尔德峡工程概述》;1946年在《水利委员会季刊》发表《哥罗拉多河波尔德峡工程概述》《哥罗拉多河下游灌溉工程》,在《水利通讯》上发表《陕西省水利》;1947年在《水利(泥沙专号)》发表《陕西省灌溉工程对淤泥沙之处理》。

(照片于2016年6月28日翻拍于陕西水利博物馆)

日	天氣	雨　量公厘	蒸發量公厘	氣　溫℃			備註
				最高	最低	平均	
1	0						
2	0						
3	0						
4	0						
5	0						
6	0						
7	0						
8	0						
9	0						
10	0						
11	0						
12	0						
13	0						
14	×						
15	×	3.0					雪厚一寸
16							

刘钟瑞(刘辑五)1924 年 1 月签名的岳家坡气象记载表(部分)

安立森

安立森（Sig. Eliassen,1885～1960,挪威人）。挪威国家航海专门学校毕业后,考入美国密歇根大学土木工程科。民国 8 年(1919 年)来华任顺直水利委员会工程师,指导黄河水文站安设工作。民国 17 年(1928 年)受聘于湖北省水利工程处任工程师,1930 年受北平华洋义赈救灾总会之约到陕西协助筹划泾惠渠灌溉工程。1933 年 8 月 24 日黄河水利委员会委员长李仪祉批示:从 9 月 1 日起聘安立森为工务处测绘组主任工程师,月薪 800 元。安立森是第一位任职于治黄机构的外籍水利专家,制定了第一个《黄河水利委员会测绘规范》,同时还协助李仪祉拟定第一个黄河水文站网规划。1935 年安立森与中国技术人员查勘黄河孟津至陕县河段,首次提出了"三门峡为一优良库址"。1936 年在黄河董庄堵口工程处任副总工程师期间,曾以功劳卓著荣获中国五等彩玉水利勋章。后来还担任黄河水利委员会顾问等职,抗日战争开始后,安立森离职回国。

安立森

安立森在华期间,不避辛劳,成绩卓著,颇受李仪祉赏识。曾撰写《湖北水利意见书》《民国二十二年之洪水量》《平汉路黄河铁桥与洪水之关系》《黄河口视察报告》《黄河流域土壤冲刷之制止》等论文。民国29年(1940年),安立森与塔德合作,将他们在华期间积累的黄河资料,加以融会贯通并结合他们的见解写成《黄河问题》(《The Yellow River Problem》)一文发表,轰动欧美水利界,又一次引起世界各国水利专家对治理黄河的广泛讨论。1956年在挪威发表《The Topographic Map and Related River Questions of the North China Plain》(华北平原的地形和有关河流的问题)。

在修建泾惠渠前,安立森设立了泾阳水标站(水磨桥站),即张家山(一)断面。1932年《中国建设月刊》(南京)第四期刊载文章《引泾工程计划及工程进度》中有:"以前并无流量记载,为之依据,仅就安立森工程师,于数月间实测之成绩,而定设计。安君设有测站两处:一在钓儿嘴洞口之下;一在北屯;相去约七八里。"

1933年8月,担任黄河水利委员会委员长不久的李仪祉派安立森去泾河、渭河、北洛河、汾河及陕西、山西黄河干流实地调查洪水情况,根据张家山水文站被冲毁水尺位置、高程,查明泾惠渠进水闸闸台上的最高洪水位为459.00 m,推算洪峰流量为12 000 m³/s,张家山水文站该年水文记载为11 250 m³/s。这是陕西省最早用现代科学方法进行的水文调查。1955年在挪威著《Gamle Drage Wangs Elv》(OSLO,GYldendal Norsk Forlag 1955),1957年在英国伦敦和美国纽约分别被翻译成英文书名为《Dragon wang's river》出版,该书以小说的形式主要描述了安立森在泾惠渠渠首段修建中的见闻。

薛 滟

薛滟(1912~1960),别号香浦,陕西省宜川县城二道巷人。1931年1~12月在陕西省建设厅建设人员训练所学习,1932年1月至1933年9月为陕西渭北水利工程处练习员,1933年9~12月为陕西渭北水利工程处工务员,1934年1~9月任陕西泾惠渠管理局技佐,1934年10月至1938年12月任陕西省水利局泾河张家山水文站站长,1941~1942年任民国行政院水利委员会泾洛工程局洑头水文站站长。他和同期的泾惠渠管理局张家山管理处监工岳建业为连襟。1944年农历10月回到宜川,不久妻病逝,他本人得癔病。1960年病逝,享年四十八周岁。

薛滟

岳建业

岳建业(1908~1983),别号仲民,陕西省泾阳县王桥镇岳家坡村人。

1926年7月至1929年6月在陕西省立第三职业学校染织科学习并毕业;1931年3月任华洋义赈会钓儿嘴工程处监工;1933年6月任渭北水利工程处材料员;1934年1月

任泾惠渠管理局张家山管理处监工,除管理渠首工程运行外,并负责泾河及渠道水文工作;1934 年 6 月至 1936 年 5 月为陕西泾惠渠管理局书记、监工并管理渠道(1934 年 10 月兼张家山水文站练习员)。1936 年 6 月 15 日陕西省水利局委任岳建业为泾河张家山水文站站员。1945 年 3 月兼任百谷乡(现王桥镇)乡长,同年 11 月辞职,任张家山管理处主任直至解放后。

1952 年 7 月 29 日陕西省水利局《准张家山水文站站长岳建业调任泾局渠首管理闸门启闭工作站长由王北槐代理由》,张家山水文站站长岳建业调渠首管理处管闸门启闭工作,站长由王北槐代理。1960 年 12 月 10 日从泾惠渠管理局张家山管理处退职,回泾阳县王桥镇岳家坡村务农,1983 年逝世。

岳建业

田新改

田新改(1924～1975),陕西临潼雨金西关村人。1941～1942 年 3 月在三原工职染织科学习并毕业,1942 年 9 月至 1943 年 2 月在陕西省干部训练团统计班学习并毕业,由陕西省统计室分配到蓝田县政府进行统计工作,同年 7 月因病回家治疗;1944 年 4 月在雨金小学教书,9 月报名前往三原工职教育部代办的水利科学习,1947 年 7 月毕业;1947 年 9 月至 1949 年 5 月在江西省水利局第二科及赣江水利设计委员会实习,进行测量工作;1949 年 9 月至 1951 年 1 月在临潼县栎阳徐样村泾惠中学任教育干事。

田新改(右)夫妇 1954 年在张家山水文站所在地赵家沟合影

田新改(右)1957 年在北京

1951年2月在陕西省水利局参加水利工作,5月1日在长武县亭口镇恢复设立泾河亭口水文站,为工程员兼站长;1952年5月6日调往泾河(渭河)道口水文站为工程员兼站长,9月带领职工与群众合作,利用鞋儿船及流速仪测出渭河流量1 100 m³/s,提高了精度;1953~1957年在泾河张家山水文站工作,任站长;1957年12月调陕西省水利局水文总站进行水情工作;1963年调临潼县水利工队工作,参加了土门河引水、交口拦河闸等工程,1975年病逝。

为了提高泾河张家山水文站的测验质量,1951年,黄河水利委员会派刘昭华来张家山水文站,在赵家沟(现张家山断面)新设了观测断面。陕西省水利局根据刘劭华的建议,在1952年6月将张家山水文站测验断面从张家山水磨桥迁到赵家沟,张家山水文站和张家山管理站分设。1953年6月,陕西省水利局任命田新改为张家山水文站站长。他严格按照上级要求进行了水文站的工作,培训职工从数字写起,设计了张家山水文站的站房,并征地新建水文站办公用房,使水文站有了自己独立的办公场所,并在河道(现投放器岸坎下)挖窑一孔,方便观测。他除严格按照要求进行泾河、泾惠渠水文测验外,还要求职工认真观测风力、风向、地温、气温、日常比降等附属项目。当年年底因改良浮标投放器,田新改被陕西省水利局评为优良工作者,张家山水文站被评为全省优良站。1954年,田新改设计并得到泾惠渠管理局批准同意在赵家沟新建的张家山水文站站房竣工,改善了观测条件和职工住宿环境。1956年7月,张家山水文站职工游泳过河进行泾河流量测验时出现了溺水事件,田新改作为站长就此事向泾惠渠管理局做了深刻的检讨。1957年12月,他调到陕西省水利局水文总站,作为一名普通职工进行水情工作,同事都认为他工作认真,业务能力强。

田新改任张家山水文站站长期间,工作要求严谨,注重职工的业务培训,给职工传授水准仪、经纬仪、平板仪等仪器的操作技能,使很多从张家山水文站调出的职工在其他水文站担任了站长职务。

（本文所附照片为田新改爱人孙玉贤(83岁)2016年5月25日提供）

赵荣贤

赵荣贤(1928~2014),四川省璧山县(现重庆市璧山区)人,参加水文工作后举家落户陕西省泾阳县王桥镇岳家坡村赵家沟。1948年从其家乡考入四川大学,1953年8月从四川大学水文专业毕业。1953年12月,陕西省水利局水文分站成立设站队,他任副队长;1958年调到张家山水文站进行水文测验工作;其间还在罗李村等水文站工作过。1982年12月18日,陕西省水电局科技干部技术职称评定委员会决定赵荣贤晋升为工程师。1989年1月5日,陕西省水文总站陕水文劳人字〔89〕第03号《关于赵荣贤、安鸿章同志退休的批复》批准他1989年2月从张家山水文站退休。

赵荣贤1995年在泾河东庄坝址
水位观测断面照片

他热爱水文工作,在水文站一穷二白的艰苦岁月中,在张家山水文站泾河观测断面岸边观测窑洞旁自己动手挖出一只窑洞当值班室。

他热心群众工作,积极参与了泾阳县王桥镇岳家坡村筛珠洞引水工程最初的设计和测量工作。

他精通业务,参与了陕西省水利厅组织的洪水调查,从泾河中游一直调查到下游,行程 150 km,计算出多个断面的历史洪水。

他热爱数学,微积分是他的长项,退休后去街头修自行车,讲起微积分震惊补胎人。

他生活简朴,退休后积极参与了东庄水库泾河峡谷水文观测赚取劳务费补贴家用,70岁仍从长安韦曲骑自行车回泾阳王桥赵家沟,2010 年他用老式水准仪冒雨给张家山水文站测量高差 30 多 m 的泾河大断面,闭合差仅 3 mm。

附　图

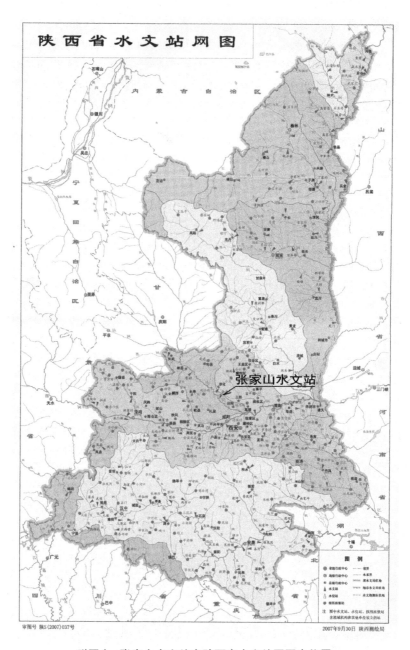

附图1　张家山水文站在陕西省水文站网图中位置

（《陕西省水文志》）

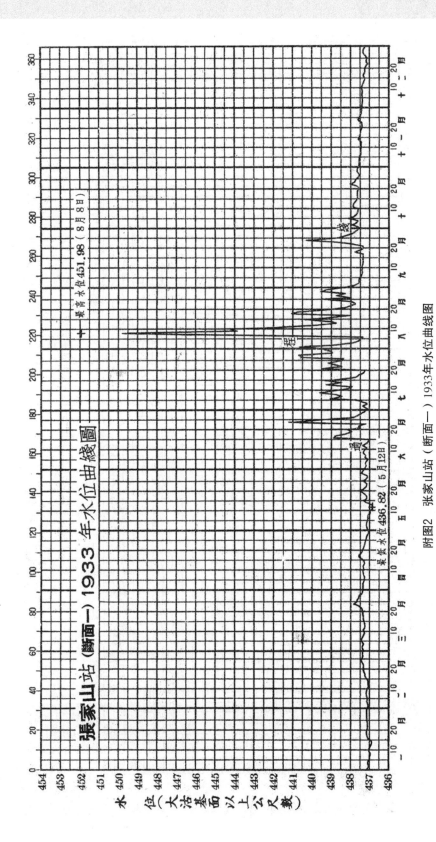

附图2 张家山站（断面一）1933年水位曲线图

（黄河水利委员会1956年5月刊印《黄河流域资料（泾河峡嵧峡、泾川、宋家坡、亭口、早饭头、张家山、道口》附图）

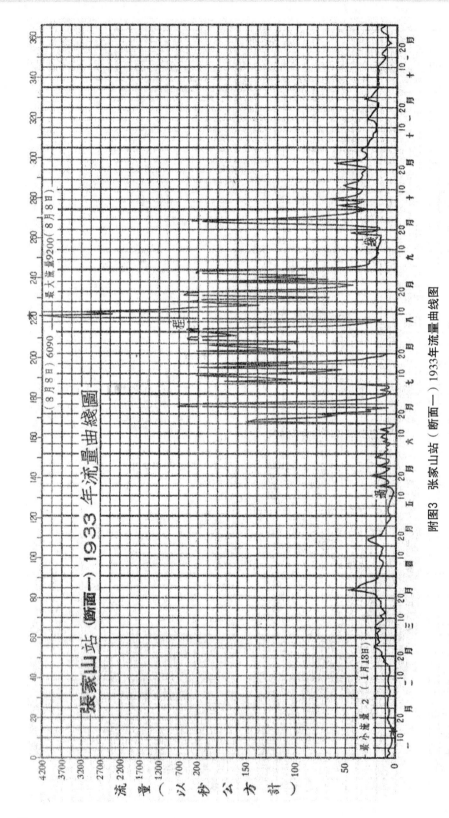

附图3　张家山站（断面一）1933年流量曲线图

（黄河水利委员会1956年5月刊印《黄河流域资料（泾河崆峒峡、泾川、宋家坡、亭口、早饭头、张家山、道口）附图》）

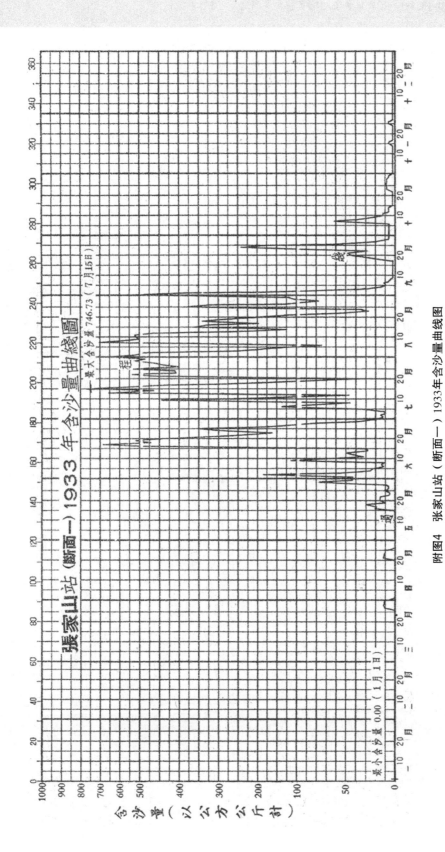

附图4　张家山站（断面一）1933年含沙量曲线图

（黄河水利委员会1956年5月刊印《黄河流域资料（泾河峡嘴峡、泾川、宋家坡、亭口、早饭头、张家山、道口》附图）

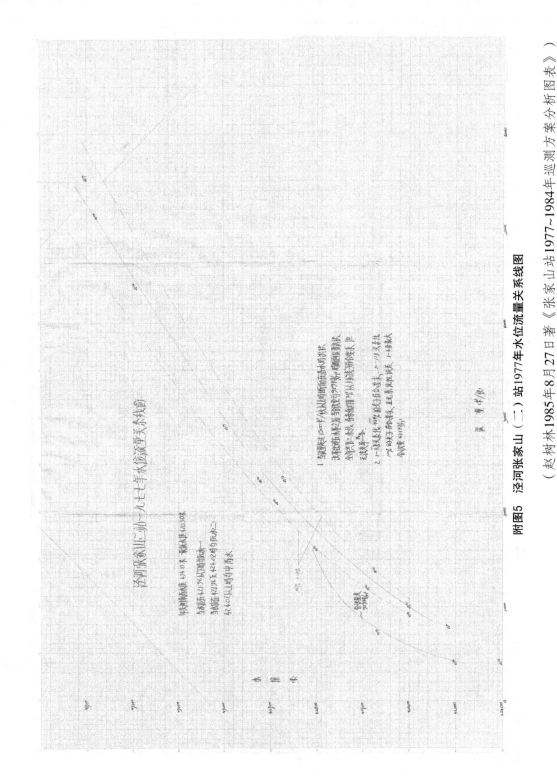

附图5　泾河张家山（二）站1977年水位流量关系线图

（赵树林1985年8月27日著《张家山站1977～1984年巡测方案分析图表》）

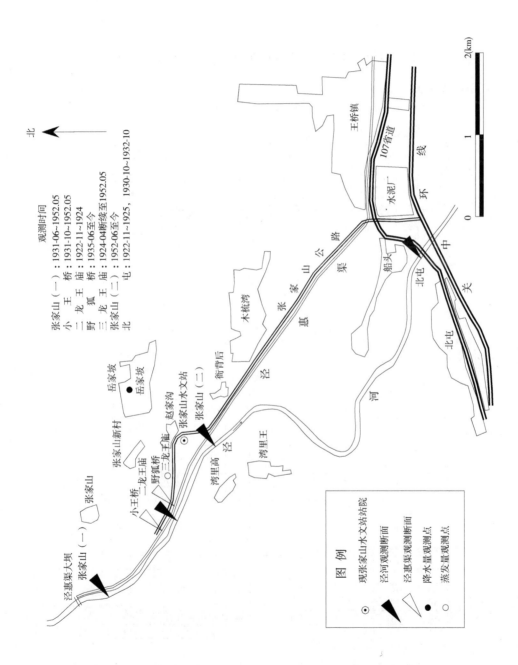

附图6　张家山水文站历年观测点位置变化图

附　表

附表1　1921～1933年通远坊雨量站逐月降水量表

1. 逐月降水量表

通遠坊 TUNGYUANFANG；SHENSI

Precipitation in mm.

北緯Lat. 34° 30′ N; 東經Long. 109° 03′ E. 高度Alt. 365.0M.

年份 Year	1月 Jan.	2月 Feb.	3月 Mar.	4月 Apr.	5月 May	6月 June	7月 July	8月 Aug.	9月 Sept.	10月 Oct.	11月 Nov.	12月 Dec.	總數 Total	Max. in 24h. mm	Date
1920															
1921	0.0	0.0	1.0	3.7	51.0	97.5	138.0	316.0	30.0	20.0	8.0	0.0	665.2	92.0	2 VIII
1922	6.5	0.0	18.5	4.8	90.0	-	54.0	160.5	11.4	0.0	1.0	0.5	(347.2)	40.0	21 VIII
1923	5.3	2.0	0.0	126.0	21.0	13.0	82.0	59.0	95.0	30.1	3.0	0.0	436.4	71.0	15 VI
1924	0.3	0.0	10.0	0.0	75.0	31.0	-	0.0	65.0	38.0	12.0	2.0	(233.3)		
1925	0.0	2.0	3.8	47.2	69.0	156.4	107.9	-	56.0	0.0	0.0	25.8	(468.1)		
1926	1.0	4.2	28.0	-	-	-	-	-	29.7	13.0	43.2	3.4	(122.5)		
1927	-	-	-	-	-	-	-	-	23.4	-	-	-	(23.4)		
1928															
1929	48.0	10.0	0.0	27.0	21.0	73.5	0.0	294.5	72.0	164.0	-	53.8	763.8		
1930	15.2	15.3	16.8	75.4	38.8	36.1	29.3	95.7	5.0	79.0	-	-	(406.6)		
1931	14.0	23.0	3.8	71.4	28.8	-	-	61.4	41.5	24.4	27.8	6.3	(302.4)		
1932	-	-	-	-	-	-	49.0	62.2	58.3	-	-	-	(169.5)		
1933	0.0	-	35.1	41.6	68.4	50.0	238.1	89.1	51.1	44.8	36.6	6.5	(661.3)		
Mean	17.8	4.0	0.3	52.2	31.0	61.3	73.3	223.2	65.7	71.4	3.7	17.9	621.8		

2. 降水日数表

通遠坊 TUNGYUANFANG；SHENSI

Number of Days with Precipitation

北緯Lat. 34° 30′ N; 東經Long. 109° 03′ E. 高度Alt. 365.0M.

年份 Year	1月 Jan.	2月 Feb.	3月 Mar.	4月 Apr.	5月 May	6月 June	7月 July	8月 Aug.	9月 Sept.	10月 Oct.	11月 Nov.	12月 Dec.	總數 Total
1921	1	0	1	2	3	5	16	9	7	2	2	2	50
1922	2	2	4	3	6	-	6	9	7	0	2	1	(42)
1923	4	1	0	2	3	2	5	4	6	4	1	0	32
1924	1	0	2	0	4	1	-	0	4	2	3	2	(19)
1925	0	1	2	4	4	7	4	-	2	0	0	14	(38)
1926	14	1	5	-	-	-	-	-	4	-	2	2	(28)
1927	-	-	-	-	-	-	-	-	-	24	-	-	(24)
1928													
1929	-	-	-	-	-	-	-	9	1	2	0	10	(22)
1930	-	-	-	-	9	12	8	10	-	7	1	2	(49)
1931	4	7	2	7	4	-	-	4	4	4	8	1	(45)
1932	5	4	2	3	9	8	12	9	3	3	5		68
1933	0	3	6	10	8	8	11	10	12	15	6	2	91
Mean	2.5	2.3	2.3	4.3	5.7	4.7	10.0	8.7	8.5	6.0	3.0	2.3	60.3

来源 Source of Data:1921-1924, (34) 1925-1933, (24)

24: Revue Mensuele de l observatoire de Zi-Ka-Wei, 1914-1933, Shanghai

34:"Etude sur in Pluie en Chine" (pub. 1928, data to 1924 or 1925, or occasionally, 1926, according to station). by P.E.Gherzi, Observatory Zi- Ka- Wei, Shanghai.

（据《中国之雨量》资源委员会印行,1936 年）

附表2 1922～1924年泾河张家山段水文测验记录表

1. 水位记载表

泾河水位表 （单位:m）

位置	年份	1922 年		1923 年						
	项目	十一月	十二月	一月	二月	三月	四月	五月	六月	七月
北屯站	最高	0.43	0.31	0.35	0.48	0.38	0.41	0.58	0.25	8.40
	最低	0.11	0.10	0.10	0.18	0.44	0.30	0.24	0.10	0.20
	平均	0.35	0.21	0.24	0.37	0.58	0.49	0.40	0.15	2.50
二龙王庙站	最高	0.80	0.86	0.88	1.00	1.08	1.08	1.08		
	最低	0.70	0.68	0.46	0.80	1.00	0.92	0.78		
	平均	0.75	0.79	0.80	0.84	1.01	1.01	0.98		

（摘自 1923 年《陕西渭北水利工程局引泾第一期报告书》）

2. 流量记载表

泾河流量表（北屯站） （单位:m³/s）

年份	项目	一月	二月	三月	四月	五月	六月	七月	八月	九月	十月	十一月	十二月
1922 年（民国十一年）	最大	—	—	—	—	—	—	—	—	—	28.4	16.3	
	最小	—	—	—	—	—	—	—	—	—	26.5	14.6	
	平均	—	—	—	—	—	—	—	—	—	27.4	15.5	
1923 年（民国十二年）	最大	20.6	—	45.9	58.0	37.5	17.5	105.5	935	305	57.9	40.1	27.2
	最小	13.2	—	28.7	23.3	15.6	10.0	12.5	21.9	31.5	32.4	26.0	8.2
	平均	17.0	16.0	36.8	33.0	24.1	13.8	50.0	347.5	62.9	42.2	29.4	20.8
1924 年（民国十三年）	最大	17.6	—	51.7	40.1	52.4	29.3	54.9	171.1	46.3	149.8	36.0	29.0
	最小	11.4	—	27.4	16.3	15.8	15.8	9.0	12.9	14.5	21.7	18.3	16.6
	平均	13.4	—	36.5	24.8	28.2	28.2	22.9	69	28.6	56.2	28.0	21.1
1930 年（民国十九年）	最大	—	—	—	—	—	—	—	—	—	77.0	36.6	25.0
	最小	—	—	—	—	—	—	—	—	—	17.5	18.0	16.0
	平均	—	—	—	—	—	—	—	—	—	31.0	24.5	19.0
1931 年（民国廿年）	最大	17.4	26.7	55.0	24.7	22.5	390.0	2 900	550	145	78.0	28.0	24.8
	最小	6.8	11.4	16.9	12.5	8.7	8.0	9.0	13.5	15.0	18.5	21.5	9.0
	平均	12.0	16.0	31.0	16.3	10.8	36.5	81.0	31.9	31.9	25.6	24.2	17.6

（摘自 1932 年《泾惠渠工程报告》）

3. 含沙量记载表

年份:1924　　　　　　　　　　　泾河含沙量表

月份	所含干沙重百分数(%)		折算含沙量(kg/m³)	
	平均	最多	平均	最高
6	0.66	4.32		45.9
7	5.81	22.6		263
8	23.12	44.26	270	610
9	0.54	2.49		25.4
10	1.21	6.24	12.1	64.6

(摘自 1924 年《陕西渭北水利工程局第二期报告书》)

4. 降水量、蒸发量记载表

降水量、蒸发量表

年份	1923	年份	1924	
月份	降水量(mm)	月份	降水量(mm)	蒸发量(cm)
1		1	3.0	
2		2	6.5	
3		3	12.3	
4		4	1.5	21.54
5		5	42.8	21.58
6	25.5	6	18.4	26.35
7	74.0	7	47.1	33.06
8	95.7	8	61.0	30.23
9	82.8	9	104.0	13.50
10	4.4	10	108.5	8.11
11		11	1.5	17.87
12	0.5	12	0.4	13.14

注:降水量于岳家坡观测,蒸发量于三龙王庙观测。

(摘自 1924 年《陕西渭北水利工程局第二期报告书》)

附表3 1924年(民国13年)10月23日泾河赵家桥站流量记载表

溼河趙家橋站流量記載表

13年 10月 23日　　　　　　　　　　　　　　　　　　　　　　　　　　　第　頁

距起點之距離 公尺	寬 公尺	平均深 公尺	面積 平方公尺	觀察深 公尺	轉數	時間 秒	每秒轉數	流速 公尺/秒	流量 立方公尺/秒
	4.8	0.365	1.73		200	65	1.54	1.05	1.815
	3.0	1.01	3.03		200	74	1.35	0.920	2.790
	3.0	1.52	4.56		200	66	1.52	1.03	4.700
	3.0	1.70	5.10		200	64	1.56	1.06	5.400
	3.0	1.75	5.25		200	60	1.67	1.13	5.930
	3.0	1.78	5.34		200	60	1.67	1.13	6.040
	3.0	1.71	5.13		200	57	1.76	1.20	6.150
	3.0	1.57	4.71		200	53	1.89	1.28	6.025
	3.0	1.46	4.38		200	56	1.78	1.21	5.300
	3.0	1.38	4.14		200	57	1.76	1.20	4.960
	3.0	1.33	3.99		200	63	1.59	1.08	4.310
	3.0	1.28	3.84		100	71	1.41	0.960	3.680
	3.0	1.15	3.45		50	49	1.02	0.200	2.415
	3.0	0.980	2.94		50	64	0.782	0.535	1.570
	3.0	0.775	2.34		50	37	0.812	0.555	1.300
	3.0	0.370	1.11		50	40	0.750	0.515	0.572
總計									62.957

Form No.101.

溼河流量測量
Chao Chia Chiao 測站
(upper section)
水尺讀數1.00
由9點50分測起
至12點10分測畢
器械號數

測員：Y.T.lung
簽名蓋章

(据陕西省水文档案馆(马渡王水文站)馆藏1924年《泾河赵家桥站流量记载表》)

附表 4　1936 年 5 月 25 日陕西省水利局流量站说明表（张家山水文站）

陝西省水利局

流量站說明表

流域	黃河	河系	涇河	測站	張家山
建設測站日期	民國廿一年一月一日		建設測站人員	中國華洋義賑救災會工程處	
常駐測站人員	薛濚、岳建業		觀讀水尺人員	岳德榮	
測站人員辦公地點	涇惠渠管理局張家山監工處				
測站通訊地點	涇陽縣王橋鎮				
測站附近城市或村鎮之名稱及其與測站之距離	岳家坡，距測站五裡				
最近郵局地點	王橋鎮		最近通匯郵局	涇陽縣	
最近電報局地點	涇陽縣		電報掛號		
交通狀況	沿涇惠渠有汽車路直達監工處，交通便利				
水尺位置說明	水磨橋下涇河岸壁上				
斷面位置說明	自西岸起至東岸涇惠渠石堤頂上				
固定點說明	1.涇惠渠南洞口距斷面115m 2.水磨橋距斷面80m				
水準基點之說明	B.M.16在水磨橋北之大石上西北邊高度448.000m B.M.3在涇惠渠趙家橋欄杆上高度446.729m				
最高水位及年份	452.58m，廿二年八月八日				
測驗項目	水位、流量、含沙量、天氣、風向、風力、雨量、蒸發量、氣壓、溫度、濕度				

（摘自泾阳县档案馆全宗号 5"张家山水文站"卷宗）

大事记(1901～2017)

1901 年

11 月中旬,美国纽约《基督教先驱报》特派代表记者、探险家、美国地理学会会员弗朗西斯·亨利·尼科尔斯(Francis Henry Nichols,1869～1904),来到西安监督放赈、报道灾情。他在西安收到英国侵礼会传教士敦崇礼向陕西省当局为实施灌渠修建计划做初步展示拍摄的一张泾河张家山峡谷照片,这是迄今为止发现的最早关于泾河张家山河段的照片。

1917 年

9 月 4 日、5 日,大雨倾盆,泾水泛滥,冲毁位于泾阳县张家山的龙洞渠倒流泉石渠、水磨桥北石栏杆,琼珠洞、打鼓洞、野狐哨眼等处石堤 500 余丈,石沙淤泥壅塞渠道长 1 800 余丈。

10 月 22 日,陕西省水利分局局长兼林务专员郭希仁命令陕西省水利分局文牍主任石镜清前往张家山龙洞渠查勘水毁情况,并调查钓儿嘴以上能否开渠,10 月 31 日返回省城,经调查,修复龙洞渠石堤需要银 550 余两,石渠需要 450 余两,土渠 3 260 余两,共需 4 270 余两。

10 月 31 日,陕西省水利分局局长兼林务专员郭希仁根据龙洞渠水毁复勘情况,拟定治标治本办法,责成泾阳、三原、高陵、礼泉 4 县知事按地亩等摊集工款,尽快修复龙洞渠冲淤处;治本之法仍为引泾恢复郑国之业。

11 月,陕西省水利分局完成《新测龙洞渠工程计划图》,比例尺为 1:25 000,埋设三处水准点,沿赵家沟至仲山两处,妙儿岭一处,另在钓儿嘴泾河边设立水准原点一处。

11 月 27 日,陕西省水利分局委任于天锡、姚秉圭为龙洞渠管理局正副局总,办理龙洞渠一切工程事项。

1918 年

1 月 10 日,陕西省水利分局给泾阳县政府发来《新测龙洞渠工程计划图》一张。

2 月 5 日,李仪祉就引泾水利工程给陕西省水利分局局长郭希仁回信,就工程前期工作中测量、水面高低、雨量、工程设计等做出具体说明。

10 月,经民国大总统核准,由农商部、内务部、全国水利局会衔布置全国各省开展水文测验工作,随文印发《河川测验办法七条》,测验项目有降水量、流量、流率、水位等。

1920 年

高陵县通远坊天主教修道院院长戴夏德(Florentius Tessiatore,意大利人),在通远坊男修道院内建气象台,装有温度计、湿度计、风向仪、雨量筒,为陕西近代最早雨量站。风向仪安装于屋顶,雨量筒安装于院内(用镀锌铁皮自制,高50 cm,口径为22.6 cm),雨量尺系竹板制作(规格1 cm×0.3 cm×60 cm)。每日按地方时间观测三次,即早7时30分,中午14时30分,晚19时30分。连续资料自1921年1月开始,至1938年,共计18年,其中1928年缺测。该站1958年恢复后受张家山水文站管理至今。

12月16日晚8时,地震4次。

1921 年

通远坊自本年1月起有雨量记录,观测得本年总降水量665.2 mm。

1922 年

3月9日23时50分,由北京青年会总干事格林介绍,吴南凯工程师从北京西站出发,奔赴陕西,经历了6天半的行程来到西安,他是奉"华洋义赈会委托来陕办理工赈"。来陕后随即在3月中下旬"与郭君希仁、丁君午桥、德君祝封、张君子宜,同勘灞浐诸河受灾决口之处,灾民环集叩求赈救"。

4月21日,为兴修引泾工程,陕西省义赈会同渭北十一县(泾阳、三原、高陵、临潼、渭南、富平、耀县、宜君、淳化、同官、白水)代表商议合组成立"渭北水利工程局",正局长李仲山,副局长柏堃。同时,吴南凯勘钓儿嘴地势,测至赵家桥,测其水准,设立岳家坡原点,高程假定为500.00 m,这是第二次引泾工程测量。

10月21日,陕西省渭北水利工程局李仲山局长,因引泾工程大,复聘李仪祉为工程师。

10月22日,陕西省水利分局局长兼渭北水利工程局总工程师李仪祉组建测量队,借调陆军测量局人员测量地形和路线,水文测验聘用陆地水文与地质专业人员,这是第三次引泾工程测量。任命胡步川为水队队长,刘钟瑞为陆队队长,分别对泾河河谷、灌区地形进行勘测,开展水文观测工作,职员有段仲韬、袁敬亭、孙次玉、王南轩、张子麟、南东耕、胡润民、董康侯、陆丹佑。每队设队长1人,测量员4人,干事1人,总工程师李仪祉指导一切进行方法。胡步川负责水文测量工作的具体实施,水文测验工作者除固定人员外,还有临时雇用者,总共没超过10人。

10月22~28日,渭北水利工程局水、陆两队人员监制测量器具,检查仪器。

10月29日,水、陆两队人员来到泾河张家山引泾渠首附近的岳家坡村驻扎。

10月30~31日,水、陆两队共同踏勘张家山引泾渠首、泾河地形。

11月1日,陆队开始测量妙儿岭越山导线及水准,19日完成。

11月2日,水队设立泾河北屯流量站水尺,测量水尺零点高程,4日完成。

11月6日,水队设立泾河二龙王庙流量站、龙洞渠小王桥站水尺,测量水尺零点高程,7日完成。

11月8日,水队校验流速仪,流速仪为泼来式(Price)。

11月9日,水队对龙洞渠小王桥站水深及流速进行测量。

11月10日,水队在北屯站对泾河流量进行测量,这是泾河上第一次流量测验,此后在 17 日、24 日各测流一次。

11 月 30 日，开始测量泾河张家山段峡谷地形，至 1923 年 1 月 31 日，在北屯以上至二龙王庙 4 km 范围内测量泾河 1∶5 000 地图，并测量横断面 50 处。这是泾河历史上最早的大断面测量，也是陕西省最早对河流横断面的勘察。

12 月 1 日，在北屯站进行泾河流量测验，此后本月 8 日、15 日、22 日、28 日各测流一次。

12 月 5 日，监督将新造的用来测量的"白公号"船拉至二龙王庙流量站。

12 月 12 日，测量张家山泉水流量，16 日测量完毕，利用流速仪法、量水堰法、量积法共测量泉水 23 处，总计流量 0.712 5 m³/s，泉水温度多数为 23 ℃。

本年，李仪祉编写《再论引泾》。

李仪祉发表《黄河之根本治法商榷》论文，指出以科学从事河工的必要性，并分析了黄河为害的原因及中国历代治河方针，提出了治理黄河的主张。首次提出要重视"水事测量"（即水文测验）。论文对治黄工作产生了深远影响。

华洋义赈会通过其在陕西设立的三原分会对引泾工程拨款 45 350.47 元。

1923 年

1 月 2~6 日，水队测量龙洞渠流量。

1 月 8 日，水队在泾河北屯站、二龙王庙站进行流量测验，此后本月 9 日、15 日、22 日、25 日、29 日均进行了测量。

1 月 10 日，陆队开始对泾河张家山以上峡谷地形进行测量，测至谷口以上 7.5 km 处两岸为悬崖峭壁，无法前行，于 31 日停止。

3 月，在泾阳县岳家坡村设立岳家坡雨量站，雨量器系仿德国赫尔曼（Hellma-mn）式，观测者刘辑五、胡兆庆。

4 月 20 日，龙洞渠自惠民桥下溃决。

4 月 22 日，李仪祉视察龙洞渠溃决情况，作《考察龙洞渠报告书》，制订了修补方案。

本月，李仪祉筹款 2 万元，委任高士霭、岳介藩等人监修天涝池、碧玉泉等处险工堤段，使龙洞渠水面陡增尺许。

7 月，北屯流量站测得年最大流量 1 055 m³/s，为泾河首次测得年最大流量记录。

9 月 4 日，民国陕西省水利分局委任姚介方为龙洞渠管理局主任，三原、高陵各县另设龙洞渠水利局；泾阳、礼泉龙洞渠水利局即附管理局内，二县境内渠务，由管理局主任兼管。各县另举渠绅二人（礼泉推举一人）。各民渠管理制度，如泾阳之水老、值月利夫，三原之堵长等，悉仍其旧。

大旱成灾。

冬，李仪祉组织 30 多人测量队，从张家山进入泾河峡谷两岸，分两队由山顶，以三角锁互测，测量河流曲折距离及高度，并绘制《钓儿嘴上方泾河形势图》，该图比例为 1∶20 000，绘制了妙儿岭、钓儿嘴以上至谢家山、磨子岭泾河两岸的山势地形、交通路线等。

李仪祉设计制造"直立瓶式泥沙采样器"用于泾河含沙量测验。

1924 年

二龙王庙水文站迁至赵家桥断面进行流量测验。

3 月 10 日,中国华洋义赈救灾总干事梅乐里、工程主任塔德由北京启程来陕,考察渭北引泾水利工程。

4 月 1 日,设蒸发器于三龙王庙,开始观测蒸发。

4 月,李仪祉与华洋义赈会总工程师塔德一同考察渭北引泾拟灌溉区域。

4 月 20 日,李仪祉带领五六人携带帐篷、干粮进入泾河峡谷勘察泾河,用时 7 天,行程 50 km,对泾河张家山以上山势、路途、地质、植被、动物等进行了考察。对于此次考察,李仪祉编写有《勘察泾谷报告书》。

5 月 21 日,陕西省水利分局向省政府去文请示为引泾工程在泾河上游设立雨量站。

5 月 24 日,李仪祉给塔德回信,按照塔德考察建议,做出“渭北水利项目之修改”。

6 月,泾河张家山河段开始泥沙测量。以探水瓶于距河岸数米水面下 1 m 处取水样而称之得其重,置于一旁而沉淀之,再称沉沙之重而算其百分数。

6 月 9 日,陕西省水利分局令淳化、礼泉、邠县、长武、旬邑各县派员到局学习雨量观测,随后各县知事均派员给予经费前往。

6 月 12 日,在泾河赵家桥站(现张家山(二)站基本断面以上 400 m 处)观测水位并测流,截至月底共测流 26 次。

7 月 1 日至月底,在赵家桥断面共测流 21 次,每天观测水位 1 次,部分观测 2 次。

7 月 24 日,陕西省水利分局派秦智初带雨量器、记载表以及《考察泾河上源兼设雨量器须知》《陕西省水利分局筹划雨量站任用人员聘书托书》往甘肃调查泾河上游情况并安装雨量器,这是陕西省最早的雨量站网布设。

7 月 25 日,陕西省长公署指令第 4477 号令水利分局为引泾工程,了解泾河水量设立乾县、淳化、三水、邠县、长武、泾川、平凉、镇原、环县、庆阳等雨量站。

8 月 1 日至月底,在泾河赵家桥站共测流 45 次,每天观测水位 1 次,部分观测 2 次。

9 月 1 日至月底,在泾河赵家桥站共测流 41 次,每天观测水位 1 次,部分观测 2 次。

9 月 25 日,长武县知事王赓彤派高小教算术教员尚其志带雨量器价洋 10 元,于当日起程,月底到达省城,学习雨量观测方法。

10 月 1~28 日,在泾河赵家桥站共测流 43 次,每天观测水位 1 次,部分观测 2 次。

10 月 12 日,李仪祉在渭北水利工程局董事会上做《我之引泾水利工程进行计划》,讲了渭北引泾项目政治和财经方面的障碍。

12 月 11 日,龙洞渠突于夜晚出现险情数处,得报后陕西省水利分局局长李仪祉亲赴查勘。

12 月 31 日,华洋义赈会做的《工程简明报告表》中,列出该会资助渭北水利工程局 15 000 元,用于渭北水利工程测量购买仪品以及测量队职员夫役薪金开支等项,委办人李宜之、李仲三。

夏,须恺自美国回国,应李仪祉邀请参与引泾工程设计工作。在李仪祉规划基础上,引泾灌区的设计工作大部分由须恺完成,金陵大学森林系研究部主任、美籍教授罗德明

（W. C. Lowdermilk）也参与了部分设计。

冬，西安举办"渭北水利工程设计图片展览"，提出"打开钓儿嘴，遍地都是水"的口号。

李仪祉根据勘测资料，编写《陕西渭北水利工程局引泾第二期报告书》，报告中记载有：岳家坡基点，编号 BM0，假设为 500.00 m，测量得赵家桥顶 446.70 m，惠民桥东岸 442.92 m，泾河左岸附近 460.92 m，妙儿岭最高点 805.34 m，石桥西南关帝庙前石碑上 440.93 m 等高程数据。

1925 年

1 月 29 日，三原、泾川、淳化、礼泉、平凉、环县、庆阳、正宁、镇原各县知事负责设立雨量站，支付观测员年观测费现洋 15 元。

须恺将引泾工程设计方案带到北京，想从华洋义赈会争取到资金，但是因陕西政局混乱而无果。

西安经咸阳、泾阳至三原开通汽车，方便了引泾工程勘测人员来往。

1926 年

1922~1925 年，引泾测量研究工作花费 5 万元，从民国华洋义赈会陕西赈灾余留款中支拨。

年末，李仪祉撰著《请恢复郑白渠，设水力纺织厂、渭北水泥厂，恢复沟洫与防止沟壑扩展及渭河通航事宜》报告等。

1927 年

2 月，总司令冯玉祥令陕西省水利分局局长李协，就钓儿嘴引泾灌田计划"准如所拟办理"，交由建设部即日兴工举办。

4 月 13 日，全国水利局陕西省水利分局更名为陕西省水利局，李仪祉任局长，隶属陕西省建设厅。

5 月，因时局影响，引泾工程暂停，陕西省水利局命泾河上游各县雨量观测停止。

李仪祉赴陕北调查无定河水利，呈请辞退陕西建设厅长专办水利事宜；著《兴修陕北水利初步计划》《无定河织女泉水渠说略》《中国旧式之防洪堰》《水理学之大革命》《湖之停蓄推算流量之新法及其应用之经验》《通用流速算式之误点》等。

1928 年

陕西大旱。

8 月，陕西省水利局印《引泾初步》，共六页文字说明，并附 1∶30 000《引泾初步计划略图》一张。

9 月 14 日，民国陕西省建设厅水利局局长张钟灵、技士蔡维荣赴北屯镇测量引泾一期渠线，测量工作从 9 月 16 日开始，10 月 8 日完成。进行了导线测量、水准测量、地形测量、水事测量。携带仪器有经纬仪、水准仪、流速仪，仪器操作蔡绍仲，并于 9 月 23 日测得泾河流量 8.325 m³/s。

1929 年

3月13日,民国陕西省政府主席宋哲元(任职时间1927年11月至1930年4月)等偕同法国裴文明工程师赴钓儿嘴查看凿洞引泾现场。

4月29日,工程师裴文明、工程股股长段惠诚,技正罗世襄、李要勤,技士傅玺、蒋振声,临工薛桂山、熊遇周等及测量夫4名、石匠5名乘汽车前往钓儿嘴测量。段惠诚1948年《陕省兴修水利之回忆》记载:"省府议办水利公债无效,但拨赈面五千袋,洋十万元,以工赈从裴建议,照印度简易办法,升水溉田,实施计划,结果初步估工,非四十万元不可,赈面多霉恶,又散布在苏豫各路,运到不能应时,款尤支绌,加以淳化苗家,时有匪警,县队仅二十余人,工地近村,时有劫掠,并须兼顾防卫,诸感棘手,盖不获照初议,先筹足数十万元,量可实施,商议仪祉先生归,主办之。并约长材及有经验路工等,照乙种计划进行,庶可小效也,未几裴以探测老龙王庙洞及泾口北深潭,几罹险,且以费艰不耐辞去,后改浚修龙洞渠,因留技术人员,李要勤、郭文卿、熊宝门、傅健斋、蒋玉珂等。"

6月26日,段惠诚绘制成《疏浚龙洞渠纵断面图》,该图自野狐桥起,至民生桥止,其中大槽口至惠民桥距离3 920 m。

陕西、甘肃、宁夏等省区自民国11年以来连续干旱,以本年为最,也是黄河连续11年(1922~1932年)枯水段中水量最枯的一年。国民政府西北灾情考察团南京赈济委员会报告称:"陕西全省九十二县,无处非灾区……去岁迄今被灾死者二百五十万人,逃亡者约四十万。"(《陕西服务会刊》,民国19年4月第一期)。

1930 年

3月3日,国民党第三届中央执行委员会第三次会议通过"由中央与地方建设机关合资开发黄、洮、泾、渭、汾、洛、颍等河水利,以救西北民食"案。

8月28日,华洋义赈会贝克、安立森,以及陆尔康、李仲华、段惠诚前往泾河张家山河谷勘查,民国政府泾阳县县长邵鸿基等人陪同。段惠诚1948年回忆当时的情景:"往王桥,沿途斩蒿披棘,于县长共为之,昔日富庶之区,道路已无辙迹,修治前行,到镇甚晚,盖途中下汽车已七十余次,粮不足,县长亲出觅之,行数村仅得粗面五斤,地方艰苦,从可知矣,次日经赵家沟、岳家坡等村,庐舍为墟,大异昔时,仅留衰迈者三四人,其病饿毙者,无力掩埋,则就窑室封之而去,视之鼻酸,闻之堕泪,同来各人,感触深矣!"

9月7日,贝克在西安会晤民国陕西省政府秘书长吴仲祺,再次和安立森等多人前往张家山泾谷进行设计。安立森认为在钓儿嘴修建水库25~30年就会淤积填满,因此在修建一座很宽的低坝让水流过,以后也可以在这座低坝上修建高坝。段惠诚1948年《陕省兴修水利之回忆》记载:"偕安立森总工师多人再往泾谷,进行测计,仍设工程处于岳家坡,辟除荒芜并搜集十一年仪祉先生设计资料,及多次测量图表记,载期收广益迅速之效。"

9月,陕西省建设厅科长,钓儿嘴引泾工程处工作者张丙昌、技士傅玺,在岳家坡勘测。科员张光延在泾河修石渡进行水文测量,成果有:实测修石渡横断面一次,长1 300

余 m;求得泾河 20 年来最大、通常、本年等 3 个典型洪水位及低水位;实测泾河纵断面 4 000 m 长,求得该河段比降;实测流量 11 次,最大 43.96 m³/s,最小 28.60 m³/s;记载水位 39 次,最高水位 0.645 m,最低水位 0.468 m;测量含沙 3 次,最大约 47%,最小约 32%;制作泾河纵断面、横断面、逐日水位、逐日流量、水位流量关系图。

10 月,恢复北屯站水文测验(现张家山水文站基本断面下游 5.1 km 处)观测水位,每日白天 3 次,1932 年 10 月停测;同时于张家山水磨桥南设河、渠测验断面,施测泾河及龙洞渠水位、流量与含沙量,即现资料年鉴中的张家山(一)。

12 月 7 日,引泾工程正式开工,李仪祉主持在泾阳县筛珠洞举行开工典礼。民国陕西省政府主席杨虎城(任职时间 1930 年 10 月~1933 年 5 月)亲临参加。陆军十七师师长孙蔚如、省府秘书长南汝箕、公安局长唐嗣桐以及华北慈联会委员长朱子桥、省赈灾会康寄邀、四省慈联会长崔献楼、华洋义赈工程师安立森等出席了仪式。

关中三年持续大旱,蝗虫成灾,地价猛跌,赤地千里,饿殍百万。

1931 年

1 月,陕西省渭北水利工程处工程主任兼定线测量队队长陈靖带领人员来到泾阳县社树堡姚介方家驻扎,开始王桥以下土渠测量工作。陈靖、张介丞持仪器任前导,勘选渠线,量距加桩,并按地形图上所选线路高程,用仪器核对。渠线高程与横断面两组水准随后跟进。勘线前旗与施测指挥手旗,前后挥舞,花标杆尺前后移动,测量队拉长数里,惹起村、镇大人、小孩们好奇围观。熊宾门、王南轩、阎连三、兀介臣等以前参与测量者也参加了本次测量。

5 月,渭北水利工程处在北屯、水磨桥恢复泥沙测验。

5 月 23 日,李仪祉同塔德、安立森前往泾河中上游勘察水库。

6 月,北屯站测得年最大含沙量 46.0%(645 kg/m³),测得全月降水量 58 mm。

7 月 7 日,北屯站测得泾河年最大流量 2 900 m³/s,洪水进入正在修建的引泾渠道,造成损失。本次洪水测验负责人为陆尔康。

9 月,渭北水利工程委员会撰文《引泾工程计划及工程进度》,描述引泾工程修建进展情况。

9 月 30 日,陕西省建设厅第 5054 号文让泾阳县建设局进行洪水时期水文调查,调查内容为最大雨量、最高水位、最大流量。

12 月,中国华洋义赈救灾总会陕西渭北引泾岳家坡工程处工程师陆尔康在《工程》第六期第四号发表文章《陕西渭北引泾灌溉工程纪要》,描述了引泾工程的设计及工程进展。

1932 年

1 月起,水磨桥断面水文记载保留有月报表,后来被确立为建站日期。刊印有《水磨桥泾河水文记载报告表》,表内记载有水磨桥每日的泾河水位、泾河流量、泾惠渠雨量、泾惠渠流量、泾河含沙量等 5 项观测数据。

3 月 26 日,民国陕西省建设厅科员洪益美在邠县(现彬州市)西门外,距城二里许的刘家湾附近设立邠县水标站开始观测,观测员为邠县建设局技术员袁尚志。同时建设厅制定工作要求《邠县泾河水位观察及报汛规则》九条如下:

(一)邠县泾河水则之设立,为泾河汛期,报汛于泾渠工程,以为闭闸防险等准备之用。

(二)平时观读时间,为每日上午六时起,至下午六时止。每小时观读一次。

(三)水标之读数,以公尺为单位。记小数只记二位,即读至公分为止。

(四)涨水时须加夜工,昼夜观察,仍照每小时一次。夜工另有酬劳。

(五)平时报告,用函直报于钓儿嘴工程处。涨水时期,每观读一次,须用最敏捷之方法,报于邠县长途电话,转报工程处;并分报本厅备查。

(六)报汛方法,务须直捷明了,涨水时报汛,关系至为重要,观读员不得稍有迟误。倘有迟误,须受相当处罚。

(七)观读员由邠县建设局遴派技术员担任之。

(八)观读员除疾病、婚丧要事,得请人代理外;平时不得擅离职守,随意怠工,建设局亦不得任意调动,但仍受建设局长之监督。

(九)本规则自令布之日实行。

3月,渭北水利工程委员会绘制出比例尺为1:100 000的泾惠渠原始平面图。

4月6日,民国陕西省政府委员会谈话会议公定将引泾工程命名为“泾惠渠”。

5月,引泾工程段泾河发生三次洪水,最大150 m³/s,拖延引泾工程进展。

5月底,引泾工程渠道试放水,流量最大为4 m³/s,王桥镇附近一段渠岸被冲毁,不得不减少到1 m³/s。

6月20日,在张家山举行泾惠渠放水典礼。拦河坝建成命名为“檀香山坝”,以纪念檀香山华侨捐款。坝址位于乙种设计方案坝址下游约500 m处。坝基建于石灰石基岩上,为欧基式混凝土重力坝。坝顶长68 m、宽4 m,高程446 m。设计最大引水流量15 m³/s。同时印发《泾惠渠管理章程拟议》,其中第十章报汛站,第38条:邠县设报汛站,置汛夫一人;第39条:汛夫职务为视察记录,及报告泾河水位之涨落于本局;第41条:报汛章程另定之。第十一章泾谷管闸所,第41条:设于张家山下渠上,置夫二人;第42条:闸夫职务:(一)启闭引水洞门,(二)启闭排水闸,(三)观察记录泾河水位涨落,(四)巡查西石桥以上之渠身及附渠建筑物。

7月,张家山(水磨桥)站测得最小流量3.4 m³/s。

7月20日,泾河洪涨,闸门未及时关闭,泥水壅入淤塞渠道长达30 km,进水量由14 m³/s骤减至2 m³/s,后耗费一个月时间才予以清理,于是泥沙测验得到重视。

9月,塔德在《中美工程师学会月刊》第八卷第五期发表文章《泾惠渠》。

10月,塔德、安立森合著在《中国科学美术杂志》十七卷第四期发表文章《陕西省之引泾工程》。

12月9日,渭北水利工程处印制《泾惠渠养护及修理章程》300份,发给各斗要求遵照执行。该章程中规定,管闸工人在泾河泥沙达到25%时应关闸停水。

经华洋义赈会统计,从1930年12月16日至1932年8月22日,泾阳测水站(张家山水文站)支出费用87.65元。

本年,南京国民政府救济水灾委员会铅印《渭北引泾水利工程报告》一册(中英合刊本)。

1933 年

2月13日,民国陕西省政府命省水利局修正《陕西省泾惠渠管理局暂行组织规程》,包含泾河水文测验人员要求。

3月,黄河水利委员会在西安成立导渭工程处,主要负责渭河及其主要支流泾、洛等河流的整治,许心武任代理处长。

5月,奉全国经济委员会令,泾洛工程局主办洛渠全部工程,兼办泾惠渠一部分支渠工程。

本月,渭北水利工程处编印《泾惠渠近况报告书》,于右任题写书名,全书分第一章总论、第二章工程现状(一檀香山坝及进水闸门、二干渠淤塞情形及管理、三管理情形、四扩大支渠、五各大支渠之测量工作、六张家山引水设备之补充计划、七引水设备补充计划及修缮各干渠及各大支渠估价表)、第三章灌溉情形、第四章水捐、第五章结论、第六章附志(一泾惠渠养护及修理章程、二泾惠渠灌溉区域图、三泾惠渠灌溉地亩表、四泾惠渠流量图)。其中报告书中"添设自动报汛机械"描述道:"泾谷洪水暴涨,来势甚猛,致管理人员无从着手,故拟于引水洞口之上游三公里处在河岸建筑自动报汛机械,水面之升降可由浮动机械转播电力而传达于洞口,管理人员得于洞口上察知三公里上之远泾河水面,一遇暴涨,则洞口管理人员亦可从容布置也。"为泾河水文最早设立自动水位警铃的计划。

6月9日,民国陕西省政府政务会议通过由李仪祉提议的《陕西省测水站规划及其设置组织大纲》。大纲要求全省规划布设水文站27处、水标站12处,其中规划的水文站有"泾河泾阳站",即张家山水文站,水标站有"泾河邠县站"。

6月25日,陕西省水利局在邠县(现彬州市)设立的水位站开始观测,观测员何仲涛,配发有"陕西省水利局泾河邠县水标站"印章。

8月8日,泾河张家山水文站2时起涨,14时出现洪峰流量9 200 m³/s(张家山水文站1933年水文报表蓝本,标绘其流量为11 250 m³/s;1934年出版的《泾惠渠报告书》记载为11 000 m³/s)。

《陕西水利月刊》第一卷第八期《泾河暴涨时"泾惠渠"防范经过情形》记载道:"八月七日午前二时,张家山闸门正引水灌溉。忽闻河水暴涨,即饬工役将闸门三孔完全关闭。而经过一小时之久,过坝水竟涨至八公寸高。是时河水含沙量极重,且挟有大树顺流而下。半小时后,水面又升高十一公尺。于是老龙王庙南筛珠洞旁水磨桥河水均同时通渠,后饬工役将野狐桥土坝提开,并将大小退水槽开放,以资宣泄泥水。复将野狐桥桥孔用闸板闸实,而沿板孔透过之水仍有十二立方公尺。又将总干渠各斗及南干渠各斗挖开,务使流水即刻宣泄入田,以免淤塞干渠。所幸流水经十六小时之久,干渠并未发现淤填。至下午五时,河水渐渐退落。计最高水位,距闸门平台,尚有半公尺,则坝顶过水之高度,为十一.四公尺。八月八日早八时,大水又至,势尤猛,惟所挟之木材较少。经一小时之时间,水位已过闸门平台,旋徐徐上涨,至下午三时,水位已超过闸门及栏杆各处渠岸。并皆流水入渠,惟野狐桥桥孔,已将闸板上好,故淤水未得下流也。当时曾电报水利局'泾河暴涨,水位超闸门栏杆,野狐桥以下无损失'。惟三原线路不通,只得暂为搁置,直至晚十时,大水始遂渐退落。此次最高水位,高出坝顶约十三公尺,拦河坝(原宽六十六公尺)以平均宽度一百一十公尺计算,则泄量约一万三方公尺,沿河而下,河水浩浩荡荡,真不啻黄河改道也。"

《通问报》1933年第30号刊载新闻:"陕省泾河泛滥,路透社三日北平电,今晨华洋义赈会接西安府之电讯,谓泾河泛滥,堤岸崩溃,致西安府西北一带被淹,溺毙者达千余人。泾河两岸,现已完全淹没。三原县一带,牲畜损失奇重,灾区甚为广大,现已发电请求各地加以经济之援助。"

11月23日,民国陕西省水利局令渭北水利工程处给邠县垫付的陕西省邠县泾河水标站报汛费42元9角(1933年6月16日至8月28日共发电报11次)。

11月30日,民国陕西省政府训令:自民国23年1月1日起,渭北水利工程处改组为泾惠渠管理局,并荐任孙绍宗为局长,刘钟瑞为主任工程师。

12月1日,民国陕西省水利局调在汛期观测结束后身患重病,不能行动,才康复的泾河邠县水标站观测员何仲涛去省水利局,另有任用。同时渭北水利工程处支付何仲涛,本年6月25日至11月25日5个月薪金100元,每月20元。何仲涛将泾河汛期水位观测任务移交给王正之。

12月8日,民国陕西省水利局第999号指令邠县县长王纯义,"陕西省水利局泾河邠县水标站"王正之,移设泾河水标,并测正零点,拨款19元5角5分。

本年,李仪祉寄土样给Sheldig研究,结论为重率27%、容率40%,其吸收水分极速而蒸发则缓。

1934 年

1月1日,经民国陕西省政府批准渭北水利工程处改设为泾惠渠管理局,直属陕西省水利局领导,驻地为泾阳县城。并在灌区设立张家山(渠首)等8个管理处。张家山管理处管理员岳建业,除管理渠首工程外,还负责泾河及渠道水文工作。

1月31日,民国陕西省政府主席邵力子发令水利局,请北平华洋义赈会派员来陕勘验洪水冲毁泾惠渠拦河坝情况。

3月13日,中国华洋义赈会总工程师塔德及事务主任季履义,在泾惠渠主任工程师刘钟瑞陪同下赴张家山勘验拦河坝水毁情况。

6月,《水磨桥泾河水文记载报告表》开始统计月最高最低水位、最大最小流量、全月降水量、最大最小含沙量。

6月17日,民国黄河水利委员会派人在邠县(现彬州市)泾河川道引测水准点,施测地形图,并测量泾河断面18个。

6月29日,泾河张家山站泥沙超过30%,泾惠渠停止引水,至7月15日含沙量降至15%才开始放水。

7月,民国中央政治会议先后通过统一水利行政及事业办法纲要与统一水利行政事业进行办法,以全国经济委员会为统领全国水利行政的最高机关。内设水利处,具体负责水利业务,包括统管全国水文事业,处长茅以升,副处长郑肇经。

7月1日,泾惠渠管理局泾河汛期水位记载表中北洞口观测断面水位改正数(零点高程）为 443.00 m。

开始用电报密码向黄河水利委员会报汛。

7月8日，陕西省水利局命技正顾乾贞带人设立泾河亭口镇水文站，顾乾贞14日从西安出发并到邠县，接收邠县水标站，26日到达亭口镇，设立水文站，8月1日正式成立泾河亭口镇水文站，为张家山水文站上游报汛站。

8月12日，泾惠渠管理局将大于5%含沙量的泾河水供向北干渠，浇灌三原县城附近干旱的棉花地；至18日，北干渠淤积泥沙长达6 km，厚0.8 m。省政府按每方土0.15元，拨款4 000元对其进行清理，到10月中旬方得恢复原貌。事后各干支渠管理者对渠水含沙量更为重视，并根据省政府主席建议将该北干渠改名为第一支渠。

8月17日，民国陕西省水利局任命魏绍禹为亭口镇水文站站长。

10月，成立张家山水文站，编制2人。陕西省水利局任命薛滟为站长，岳建业为站员，由泾惠渠管理局代管。张家山水文站除观测泾河、泾惠渠水位流量泥沙外，还观测降水、蒸发、气温、湿度等气象要素。

本月，黄河水利委员会测绘组编写刊印《测量规范》（英文版）。

10月5日，张家山水文站领到温度表，设于水磨桥库房室内，每日8时、16时观测，并记载最高、最低温度。

12月，陕西泾惠渠管理局印制《泾惠渠报告书》。

12月7日，陕西省水利局局长李协签署第394号训令，将张家山水文站"拨归泾惠渠管理局就近管理"。

本年华洋义赈会统计，该会截至1934年对岳家坡村附近修理道路12英里，花费1 510元；木梳湾至泾阳新修道路18英里，花费1 100元；咸阳至木梳湾新修道路26英里，花费11 730元；三原至泾阳新修道路10英里，花费29 875元；泾阳至咸阳修理道路24英里，花费27 195元。

1935 年

1月，张家山水文站复设蒸发器进行蒸发量观测。

1月13日，国际联盟派水利专家沃摩度、高德、尼霍夫及助手萨道立、赫志摩等一行6人在汴视察黄河水性及埽垛工程后，携全国经济委员会水利处顾问卜德利，技士章骏骑、张心源、张炯等来陕，征集陕西水利工程各项资料，其中1月16日视察泾惠渠工程。根据视察情况，刘辑五著有《沃摩度视察泾惠渠灌溉工程纪实》一文。

2月，泾惠渠管理局（第一次）加高泾河拦河大坝，引水流量从原16 m³/s 增至17 m³/s，年引水量达到1.6亿 m³。

4月，泾惠渠第二期工程竣工。

5月，泾河亭口水文站站长由魏绍禹调整为丁光宗。

5月13日，民国南京过渡政府孙科、梁寒操、傅秉常、张丹柏等7人视察泾惠渠渠首工程及灌区受益情况。

5月19日，华洋义赈会第七届常委会代表康寄遥、胡必详、郎维杰等7人来泾惠渠参观，并了解捐款使用效益。

5月21日,张家山水文站按照陕西省水利局工程科4月16日要求,因"国联专家沃摩度函嘱依据所示四项填法,编送渭、洛、泾三河水文记载表",填报了张家山水文站泾河最高洪水记载表等。

6月,张家山管理站开始在泾惠渠野狐桥断面测流,并一直观测至今。

6月21日,黄河水利委员会委托亭口镇水文站代办邠县泾河水位、流量、雨量报汛事宜。

6月30日,张家山水文站施测了大断面,并点绘上、下断面图,施测时上断面水位437.20 m,下断面水位437.19 m,其中上断面用流速仪法测流。

7月1日,泾惠渠管理局泾河汛期水位记载表中南洞口观测断面水位改正数(零点高程)为442.80 m,用小楷笔书写。

7月3日,黄河水利委员会在泾河亭口镇水文站设立报汛电台。

7月12日,泾河洪水,冲走张家山水文站测船。

8月5日,张家山站4.2 h降暴雨90.7 mm。

10月,中国水利工程师学会第六届年会在西安召开,根据汪胡桢等人提议,拟订《水利工作者职业道德信条》七则,经年会讨论通过。具体内容为:1. 应绝对互相尊重职业上的名誉与地位;2. 无论处于何种环境之下,应极端尊重技术上应有之人格与操守;3. 不得违反科学的论据提出或实施任何工程计划;4. 搜集及分析技术资料时,应绝对忠实;5. 对于任何水利主张有相反之论断时,应作善意之商榷,不得作恶意之攻击;6. 任何人员对于水利上错误的主张,不得率意附同;7. 对会员或其他水利工程师的工作,应尽量协助,不得牵制或排挤。

本年,全国经委会制定各河"报汛办法"(共16条),规定每日上午8时及下午4时各报水位及流量一次,每日上午9时报雨量一次,并对报汛电码形式做出了规定。

本年,黄河水利委员会制定《黄河水利委员会报汛办法》规定,泾河泾阳(张家山)报汛委托泾惠渠管理局每3日电报一次,并要求"不论风雨昼夜,认真观测,不得稍有玩忽"。

1936 年

1月,张家山站蒸发停测。启用"泾河及泾惠渠水文记载表"记录泾河的水位、流量、排入量、总流量、含沙量及泾惠渠的流量、雨量。

1月17日,张家山水文站将位于水磨桥库房的温度表移至室外观测。

1月19日,张家山水文站施测大断面,并点绘上、下断面图,施测时上断面水位437.79 m,下断面水位437.78 m,其中上断面用流速仪法测流。

同日,民国陕西省水利局下发第57号训令,令张家山水文站动员本站人员尽量加入简易人寿保险。

2月开始至9月,在泾惠渠野狐桥断面测流。

2月22日,张家山水文站收到陕西省水利局总务科发出的陕西省水利局训令第147号,令张家山水文站:"本局出版之水利月刊,自第四卷第一期起,内容力求充实,堪作为研究性质之读物","愿订购者,每年交纳津贴印刷费洋壹元贰角"。随后张家山水文站站长、站员均订阅全年《陕西水利月刊》。

3月，张家山水文站支站长一人月俸90元，站员一人月俸42元，测工两人各18元，船夫两人各12元。

3月15日，张家山水文站收到《全国经济委员会水文测验简则》。

3月18日，张家山水文站观测到终雪。

4月12日，张家山水文站将温度表从水磨桥库房移至二龙王庙观测。

5月18日，张家山水文站站长薛滟、站员岳建业分别承诺"具结人格遵禁烟法令，确不吸食鸦片烟及各种烈性毒品，如有虚伪，甘愿依法治罪。须至，切结者"。

5月25日，民国行政院农业委员会林务局为泾惠渠进行土壤化验，原件为英文，有pH、含盐度、NaCl、Na_2CO_3、$CaSO_4$、Na_2SO_4 等指标。

5月26日，张家山水文站根据《全国经济委员会水文测验简则》要求，向民国陕西省水利局呈送本站流量站说明表、水标站考证表，表中考证张家山（一）为中国华洋义振救灾会工程处设立。

5月30日，民国陕西省水利局制定《水文站改善通则》对水文测验方法进行规范指导，张家山水文站遵照执行。

6月15日，民国陕西省水利局委任岳建业为泾河张家山水文站站员。

6月28日，张家山水文站施测大断面，并点绘上、下断面图，施测时上断面水位438.38 m，下断面水位438.37 m，其中上断面用流速仪法测流，施测者薛滟。

10月1日起，张家山站有连续气象观测记载，其中有天气、风向、风力的文字描述，雨量、蒸发量、温度、湿度、气压的观测值，观测人古启图，校核薛滟。

10月25日，民国陕西省水利局核销张家山水文站本年9月支出：站长月俸90元，站员月俸42元，工资60元，办公费25元，合计217元。

本年张家山水文站用11点法施测垂线平均流速，研究分析流速在断面内的横向分布和在垂线上的分布规律。

1937 年

1月17日，泾惠渠管理局对张家山水文站（张家山监工处）站长薛滟、站员岳建业上月管理引水闸未及时减小渠道流量，造成北干、总干先后决漫，各记过一次。

1月至7月，在泾惠渠野狐桥断面测流。

3月，张家山水文站有站长薛滟，站员岳建业，另有测工2人，船夫2人。

6月24日14点30分至9月15日5时，泾河张家山水文站报汛，报汛内容包括泾河水磨桥水位、流量、含沙量，泾惠渠南洞口水位、流量，野狐桥水尺读数、入渠流量、含沙量，并有报告者、接话者、记录者、附注等记录，每次报汛均填写《泾河张家山水文站汛期每日电报水文记录簿》。报告者多为薛滟，偶尔为岳建业，接报者主要是康风瑞，偶尔为贠铭新、康鸣周、毕敏生等。

7月1日，陕西省水利局泾河亭口水文站"行政机关人员查报表"中列出该站有职工两人，其中站长为丁光宗，25岁，江苏泰兴人，江苏省立扬州中学土木工程科毕业，月俸90元；站员为刘世杰，23岁，韩城人，韩城县立中学普通科毕业，月俸42元。

7月2日1时，开始观测泾惠渠筛珠洞水位，零点高程为443.265 m。资料系列从

1937 年至 1943 年,每年主要在 7～9 月观测。

8 月,张家山水文站支站长一人月俸 132 元,站员一人月俸 72 元,测工两人各 18 元,船夫两人各 12 元。

9 月,陕西省水利局"行政机关公务人员查报表"丙表"公务人员变迁报告表"记载,陕西省水利局泾河张家山水文站有职工两人,站长薛灙,等级为委任 1 级,月俸 110 元,主要工作:研究、撰拟统计;站员岳建业,等级为委任 8 级,月俸 60 元,主要工作:文书、统计、庶务。

9 月 28 日,张家山水文站统计测验仪器有流速仪 1 架、停止表 1 个、气压表 1 个、最高最低温度表 1 个、湿度表 1 个、雨量计 1 个、蒸发皿 1 个。

11 月 16 日,民国陕西省水利局颁布《冰期施测水文暂行办法》,要求冰期亦要加强水文测验,不能中断。

本年,陕西省水利局根据前几年观测制作了"陕西省各河流域雨量站历年夏冬两季降雨量与全年雨量比较表",表中列出张家山 1932 年、1933 年、1934 年、1935 年、1936 年降雨量分别为 247.9 mm、700.7 mm、658.3 mm、824.5 mm、366.2 mm。

本年,根据陕西省水利局组织机构调整,本年陕西省水利局下属工程科测量股管理全省包括张家山在内的 7 个水文站和 11 个水标站。

本年,民国政府黄河水利委员会布设报汛站 26 处,其中张家山水文站以泾阳名义向黄河水利委员会报汛。

本年,陈椿庭对泾河的洪水流量,用对数正态分布和皮尔逊型分布进行频率分析,为陕西省最早的洪水频率计算。

1938 年

1 月,国民政府为适应抗日战争时期体制,将全国经委会改为经济部,部内设有管理全国水利及水文事业的机构。

3 月 8 日上午 11 时 50 分,李仪祉因病去世,享年 57 岁。10 日,省水利局隆重举行追悼大会,陕西省及西安市各界 300 余人参加。15 日省政府举行公葬,遗体安葬于泾惠渠两仪闸畔仪祉墓园。

3 月,泾惠渠大坝动工(第二次)加高,抬高坝上水位 0.5 m,引水流量增至 19 m^3/s。

5 月 15 日,泾河亭口水文站站长丁光宗向陕西省水利局汇报该站 4 月人员无变化。

5 月 25 日,泾惠渠管理局寄《泾惠渠管理办法》给甘肃省建设厅,用以甘肃省修建洮惠渠工程借鉴。

6 月 6 日,张家山水文站站长薛灙给陕西省水利局上报增高泾惠渠泾河拦河大坝工程计划。

6 月 11 日,泾河突涨,张家山出现洪峰流量 645 m^3/s,测量木船被洪水冲走,流速仪测量停止,改为浮标法测量。

6 月 22 日,雨量计、蒸发皿、风向计等移设于台上观测。

7 月,制定出《张家山管理处水文测验简则》。

9 月 1 日,因卸泾惠渠坝顶枕木,上午 7 时渠道水位降低。

10 月 2 日,张家山水文站向陕西省水利局汇报 9 月人员无变化。

11 月 7 日,张家山水文站向陕西省水利局汇报 10 月人员无变化。

11 月 23 日,根据陕西省水利局第七〇三号令,张家山水文站财物移交给泾惠渠管理局停办。除水位由泾惠渠张家山管理处代为观测外,其他测验项目均停止。

12 月 27 日,张家山水文站向陕西省水利局呈报"陕西省水利局泾河张家山水文站二十七年七至十一月财产目录",见下表:

民国 27 年张家山水文站 7～11 月财产目录

数量	名称	应用地点	购置日期	费用(元)
1	圆规	办公室	27 年 8 月 2 日	0.15
1	寒暑表	本站	27 年 8 月 2 日	0.70
2	算盘	办公室	27 年 7 月 7 日	2.40
1	气管子	本站公用	27 年 7 月 18 日	2.50
1	墨盒	办公室	27 年 8 月 2 日	3.30
1	算盘	办公室	27 年 10 月 19 日	1.50

本年,张家山水文站除绘制泾惠渠流量、泾河流量、含沙量过程线外,还绘制泾河水位流量关系线。

1939 年

1 月 29 日,陕西省水利局泾河张家山水文站站长薛滢向陕西省水利局呈报需要疏散费洋 196 元。

2 月 5 日,陕西省水利局同意支付 1938 年 12 月张家山水文站遣散费洋 196 元。

4 月,在泾惠渠野狐桥断面测流。

7 月 1 日,泾惠渠筛珠洞水位由李世荣观测,资料由岳建业校核,每整点观测一次水位,全天观测 24 次;7 月全月每日 5 时、12 时、19 时测量含沙量。

11 月 5 日,民国审计部陕西省审计处建字第 20 号《审计部陕西省审计处核准状》,核准张家山水文站,民国二十七年度,经常费 1 215.06 元。

1940 年

6 月 1 日,筛珠洞水位由岳克林观测,资料由岳建业校核。

7 月 1 日,泾河出现洪峰 5 800 m^3/s,泾惠渠大坝坝顶加高铁架冲毁,引水流量减至 17 m^3/s。

9 月,孙绍宗将李仪祉遗稿收集校编成书,名为《李仪祉先生遗著》,由陕西省水利局石印 100 部,分 13 册装订。本书将李仪祉所著无论发表或未发表之文章尽力收录(专册成书者除外),计分水利概论、水功学术、农村建设、西北水利、华北水利、黄河水利、江淮水利、杂著、小品、诗歌、书札、戏剧、自传等共 342 篇,1 315 页。

1941 年

9 月 21 日中午 12 时,本地发生日全食,大地灰暗,鸟雀乱飞,鸡犬乱撞,持续 30 分钟后天才放亮。

10 月 20 日,民国政府行政院设立水利委员会为全国最高水利机关。薛笃弼任主任委员,傅汝霖、陈果夫、茅以升为常委。下设总务处、工务处和技监室。工务处处长宋彤,该处第四科主管抗日战争期间后方的水文与勘测事业。技监先为沈怡(未到职),后为须恺。

本年张家山水文站除绘制泾惠渠流量、泾河流量、含沙量过程线外,还套绘泾河水位流量关系线。

1942 年

7 月至 9 月,在泾惠渠干渠野狐桥、筛珠洞观测水位,直至 1952 年。1953 年改为 1~12 月观测。

7 月 14 日,陕西省水利局告知 1942 年度自 6 月起恢复水文水标各站一案,应迅速据报应有测工人数、姓名等情给泾惠渠管理局的令。经核定,张家山水文站民国 27 年奉令停止工作,1942 年 6 月 25 日泾阳张家山水文站正式成立,每月经费 500 元,开办费 3 575 元。

9 月 8 日,陕西省水利局关于据报张家山水文站开办经费不敷数附送详表核发等情给泾惠渠管理局的令,对民国 29 年张家山水文站断面索被洪水冲走指令重新设置,原为铅丝绳,现为 14 号铅丝 3 根合成,每条长 120 m,另用小断面索 60 m 2 条;同时重新建造测船,以前拨付的 3 000 元,由于物价上涨差 3 100 元准予增加。

10 月 20 日,民国行政院水利委员会技正蔡邦霖、行政院水利委员会泾洛工程局局长陆士基、甘肃省政府代表郭则溉、陕西省政府代表刘钟瑞在兰州商定,甘肃省暂停甘肃境内泾河上游平凉一带修建"泾济渠"的计划,确保泾惠渠水源。由于甘肃境内泾河水文资料的欠缺,以及夏季含沙量大等因素制约,应先在上游甘肃境内泾河上修建试验性水库,待条件成熟后于泾河中游修建水库,上游修建引水渠。

11 月 4 日,民国陕西省水利局拟由 1942 年 6 月起一律在战时特别预备金项下开支所属水文站、水标站员工生活补助费等情况,给陕西省政府会计处发函。函中列出泾阳张家山水文站有测工 4 人。

11 月 19 日,张家山水文站恢复气象观测。

12 月 3 日,奉民国陕西省政府府水第 637 号训令,由行政院水利部泾洛工程局派陈之颙任队长,从西安出发前往平凉平丰渠,查勘泾河蓄水库址。

1943 年

1 月 4 日,由陈之颙、黄朝建完成《泾河水库踏勘报告(由平凉至邠州)》,报告详细描述了泾河中上游河流水情、地势、可选水库坝址、交通、各地经济状况等,并附有绘有泾河从彬县断泾到平凉崆峒峡泾 1:200 000 的"泾河略图"。

4月,民国陕西省水利局给行政院水利部泾洛工程局寄去泾河张家山、亭口二水文站水文曲线各一份,以备该局在泾河上游开展水库工程设计之用。

5月,民国行政院水利部泾洛工程局第一测量队完成泾河泾川吊堡子地形测量。

7~9月,在泾惠渠干渠野狐、筛珠洞桥观测水位。

9月1日,张家山水文站上报"陕西省政府水利局经费累计表",8月支出俸给200元,办公费320元,合计520元。

10月,美国水利专家巴里德考察黄河上游、渭河下游、嘉陵江航道整理等,并察看泾河水库坝址、洛惠渠五号洞施工技术和泾惠、渭惠、汉惠、褒惠、湑惠5渠的灌溉工程等,称赞陕西灌溉事业从工程建筑形式,到严密的用水管理,堪为全国之模范。

12月,张家山水文站测工有毕炳耀、岳树枝、岳克民、岳鸿恩4人。

中央水利实验处陈国庆、王文魁等人查勘泾河干流,从平凉起,沿泾河而下至彬县,选用崆峒峡、六盘峡、吊堡子、邠县上游10 km处(相当于大佛寺)等4处坝址。

1944 年

4月22日,甘肃省汭丰渠建成放水,该渠位于甘肃省泾川县泾河支流汭河南岸,由甘肃水利林牧公司于1942年5月动工兴建。竣工后,孔祥榕题字"泽流亿载",甘肃省政府主席谷正伦撰写《汭丰渠记》。

7月,张家山水文站测工有毕炳耀、岳树枝、岳克民、岳鸿恩4人。

11月,国民政府行政院颁布《陕西省泾惠渠灌溉管理规则》。

1945 年

8月26日,洪水冲走张家山水文站测船、绳缆及大断面索2条。

8月31日,泾惠渠管理局向陕西省水利局呈报了张家山水文站水毁情况。

12月8日,泾惠渠管理局向陕西省水利局呈报了张家山水文站水毁补充物资预算:"①测船一只(宽五尺,长一丈五尺),木料取自渠树,铆钉、人工费等需20万元。②大断面索两条,14号铅丝三根合成一根,每根长20公尺,共需铅丝720公尺,重35斤,费用7万元。③拉船用大绳十五丈,费用2万元。合计国币29万元整。"

12月,陕西省泾惠渠管理局兼管泾阳张家山水文站有测工4名,分别为毕炳耀、胡吉庆、岳克民、陈振详。

1946 年

1月,民国政府行政院水利委员会颁发"报汛办法",提出:"查本会所属各水利机关大汛期间,各江流域重要水文测站发电报告水位、流量、雨量等项,战时多用密码电报,现在抗战胜利,该项密码应予废止,经本会制定报汛办法18条,自35年起一律遵行。"

2月27日,陕西省水利局给泾惠渠兼办张家山水文站测船、断面索绳费用29万元,由泾惠渠管理局在水费中开支。

8月1日,陕西省水利局恢复亭口水文站水文工作。

9月,陕西省泾惠渠管理局兼管泾阳张家山水文站有测工4名,分别为毕炳耀、胡吉庆、岳克民、陈振详。

12 月,全国经济委员会治黄顾问、美籍水利专家雷巴德中将、萨凡奇博士、葛罗冈工程师来陕,赴泾惠渠、彬县亭口勘选水库坝址。对于陕西省各渠工程及灌溉成绩倍加赞赏,尤其对李仪祉先生极端推崇,留文纪念。

本年,在泾惠渠管理局张寿萌局长主持下,对泾惠渠输引水工程进行整修和扩建,引水流量从 16 m³/s 提高到 25.0 m³/s,实际灌溉面积扩大到 50 万亩。

1947 年

1 月 1 日,民国陕西省水利局正式恢复成立亭口水文站,任命王尚德为站长。

2 月 28 日,民国水利委员会检送本会暨所属机关勘测各队及水文测站等组织规程。《水利委员会所属各机关水文测站组织规程》共 12 条,对水文总站、水文站、水位站的工作任务与人员编制等均做了规定。

9 月 11~13 日,渠道水位记载中野狐桥水位水尺零点高程为 442.24 m。

10 月,中央水利实验处与陕西省水利局合办设立陕西省水文总站,主任兼工程师为夏绍春(字述之,河北滦县人),下辖交口、亭口、黑峪口三个水文站,龙驹寨、杨家堡两水位站。陕西省水利局又另设立若干水文站。

10 月 24 日,陕西省水利局将亭口水文站划拨给中央水利实验处陕西省水利局水文总站管理。

11 月 14 日,陕西省水利局指令"中央水利实验处陕西省水利局亭口水文站"主任王尚德、测量员郑红寿进行泾河水文工作。

泾惠渠管理局工程师贾毓敏著作《泾惠渠测定含沙量之快速法》。

1948 年

1 月,民国行政院新闻局出版《水文测验》一书。

2 月,民国水利部检送《水利部所属各机关水文站所组织规程》(修正本),共 10 条。其中第一条规定:"水利部为办理全国各河流水文气象测验,于各河流设置水文总站、水文站及水位站,并于中央水利实验处设水文研究所一处。各省水文总站、水文站、水位站得由中央水利实验处委托各省市主管水利机关设置。"

6 月,民国行政院水利部泾洛工程局李奎顺副总工程师率领设计科科长黄胡建,以及第一、第二测量队前往甘肃省泾川一带泾河上下游复勘泾河水库,9 月完成。

6 月 22 日,泾惠渠管理局上报了"全国水文测站调查表",表中列出张家山水文站成立于民国 23 年 10 月,停测日期为民国 27 年 12 月,恢复日期为民国 32 年 1 月;水准点假定高程为 500.00 m,水磨桥水尺零点高程 437.00 m;测站的仪器有:流速仪 1 架,风向仪 1 架,雨量器 1 架,蒸发器 1 架,湿度表 1 个,气压表 1 个,高温表 1 个,地温表 1 个,停表 1 个;测验项目有水位、流速、含沙量、雨量、蒸发量、水面比降、风向、温度、相对湿度、气压、天气状况。测站管理员:岳建业,民国 23 年 6 月 1 日为泾惠渠管理局书记,民国 25 年 6 月 1 日为张家山水文站站员,民国 28 年 2 月 1 日为泾惠渠管理局管理员。测工有毕秉耀等 4 名。

10月23日,泾惠渠管理局向陕西省水利局呈报本年7月1日至7月31日"陕西省泾惠渠管理局监管张家山水文站生活补助费会计纪录",总计费用806 000.00元。

1949 年

1月,恢复蒸发观测。

本月,泾惠渠大坝(第三次)加高工程开工。

3月28日,泾惠渠管理局向陕西省水利局呈报1948年8月1日至12月31日"陕西省泾惠渠管理局监管张家山水文站工饷费会计纪录",总计费用1 092.00元。

4月至8月,在泾惠渠野狐桥断面测流。

5月17日,泾阳县解放。

5月21日,中国人民解放军第一野战军副司令员赵寿山视察泾惠渠管理局,勉励职工"安心工作、正常生产"。

5月27日,解放军西安市军事管制委员会任命彭达为军事代表,接管黄河水利工程总局上游工程处、水文总站、水利部泾洛工程局和陕西省水利局等单位。

5月31日,军管会宣布陕西省水利局局长刘钟瑞等78人,第一、第二测量队及下属单位职工300余人,继续为陕西水利事业服务。

6月2日,中国人民解放军西安市军事管制委员会派农林处张耕野为泾惠渠管理局军事代表,负责接管工作。对张家山水文站财物进行了移交,移交人员有:前任局长张寿萌,移交人贾毓敏,代管人张寿萌,接收人贾毓敏,军事代表张耕野,监交人杜瑞瑁。移交的水文资料有:气象报告表54张,民国23年7月至37年12月;泾河泾惠渠水文记载报告表194张,民国21年1月至37年12月;泾惠渠逐日气象曲线11张,民国25年至35年;泾河泾惠渠水文曲线16张,民国21年至36年。另有文卷清册,含"张家山水文站卷"1宗。移交的张家山水文站物品清册见下表。

张家山水文站1949年5月清册

名称	单位	数量	附注
流速仪	个	3	一架坏,一架失效,一架由水利局借来
KE 经纬仪	架	1	由水利局借来
跑马表	个	1	已坏
时钟	个	1	旧
试验含沙量汲水瓶	个	1	
信磅	个	1	
滤水瓶	个	3	
中国戥子	个	1	
量雨计	个	1	
量雨尺	个	2	
蒸发器	个	1	
风向仪	个	1	已坏
最高(低)温度计	个	1	

续表

名称	单位	数量	附注
温度表	个	1	
湿度表	个	1	
一千格兰母秤	个	1	
气压表	个	1	存泾惠渠管理局
小磁铁	个	1	

6月,泾惠渠大坝加高工程竣工,浆砌石加高大坝1.15 m,坝顶高程447.45 m,引水流量增至25.0 m³/s。

7月18日,由解放较早的潼关、咸阳二站向黄河水利委员会水文总站开始报汛,以后在本年度中随军事进展陆续报汛的有泾河张家山、洛河湫头、太寅、兰州四站,为解放后给黄河水利委员会报汛最早的几个水文站。

8月,下旬开始降雨,阴雨40余天,泾阳雨量达580 mm。张家山7~10月降水量567.2 mm。受连续降雨影响,泾阳县永乐、崇文、雪河、县城南郊低洼地区墙倒屋塌,灾情严重。

10月24日,陕甘宁边区政府农业厅水利局局长刘钟瑞指令接收泾洛工程局泾河泾川水文站,该站有助理员李顺时,36岁,陕西蓝田人,民国33年4月到任;技工王考绩,38岁,甘肃泾川人,民国36年5月到任;技工邢福昌,27岁,陕西蓝田人,民国36年7月到任。

1950 年

3月18日,陕甘宁边区政府农业厅水利局更名为陕西省水利局,工务科管理全省水文业务工作。原由中央水利实验处委托设置的陕西省水文总站,已于1949年5月停止工作,所属人员、测站,归陕西省水利局工务科管理,科长于澄世。

5月,中共泾阳县委批准成立中共陕西省泾惠渠管理局支部委员会,1951年2月1日召开党员大会,选举国一为支部书记。

6月7日,经中央人民政府政务院批准,正式成立中央防汛总指挥部。首届总指挥部主任由政务院副总理董必武担任,水利部部长傅作义、军事委员会部长李涛任副主任。

黄河水利委员会根据《中央人民政府水利部报汛办法》制定出第一个《黄河报汛办法》,规定汛期为7月1日至10月31日,张家山水文站作为黄河流域16个报汛站(黄河干流兰州、潼关、龙门、陕州、花园口、高村、艾山、泺口、利津9站,渭河咸阳、华县2站,泾河泾阳1站,洛河湫头1站,洛河黑石关1站,沁河阳城1站,汶河大汶口1站)之一,以泾河泾阳站名义向黄河水利委员会报汛,为中央报汛单位。

7月19日,张家山站拍报流量9 400 m³/s,实际4 940 m³/s,精度53%,报汛欠准,引起黄河水利委员会重视,次年派人来调查。

1951 年

年初,陕西省水利局工务科按照全国水文会议要求由一级助理技术员王北槐负责,组织人员对既有水文资料进行整编。

1月2日,中央水利部检发1950年11月全国水利会议制定的《各级水文测站之名称及业务》,自1951年1月起在全国执行。该文件规定各大行政区可在各省(区、市)设水文总站,各大流域可分段设立水文总站。水文总站下可设实验站、一、二、三等水文站、水位站、雨量站及临时站,并具体规定了各级测站的业务范围。

2月,陕西省水利局令泾惠渠管理局兼办的张家山水文站应"专人专业,并补充仪器"。

3月,奉陕西省水利局令正式恢复测站,张家山水文站定为二等站。

4月16日,陕西省水利局水工第896号通知:泾惠渠管理局兼办的张家山水文站列为三等水文站(后根据水利部文件定为二等),定工程员1名,测工2人。工程员为岳建业,暂评定月支小麦300斤,测工月支小麦180斤,外勤每人每日支小麦1.5斤。经费由泾惠渠管理局在水费收入中列支。

4月27日,陕西省水利局水总人字第977号通知让水利系统职工佩戴徽章。

4月,陕西省水利局各属单位1951年第一季度职工花名册,张家山管理处主任(管理渠首):岳建业(别名仲民),男,44岁,陕西泾阳人,月薪金小麦386.3斤;张家山水文站职工:毕秉耀,男,48岁,陕西泾阳人,月薪金小麦238.0斤;陈天禄,男,22岁,陕西洛南人,月薪金小麦238.0斤;陈世云,男,32岁,湖南岳阳人,月薪金小麦221.0斤。

5月1日,泾河中游亭口水文站在1934年设立的基本断面下游500 m处恢复观测,本次设站者为田新改,并任站长,该站为张家山水文站上游报汛站。

7月1日至10月31日,按照黄河水利委员会要求,张家山水文站以泾河泾阳向中央防汛指挥部、黄河水利委员会、平原局、山东局拍报水位、流量、降水。

8月12日,黄河水利委员会派刘昭华(曾于1953~1956年任黄河水利委员会水文处测验科测验组组长),来张家山水文站协助工作,调查洪水,测量地形、断面,在赵家沟重新设立断面。由赵家石桥引测本站水准点 BM_1。

8月20日,刘昭华组织施测了张家山(二)上浮标、中断面、下浮标横断面,并绘图,其中在中断面标出1933年最高洪水位438.29 m。

8月29日,刘昭华组织完成了张家山水文站1:2 000地形图。

9月,张家山水文站恢复泾河流量、含沙量观测。

10月12日,开始同时在张家山(一)水磨桥、张家山(二)赵家沟断面观测水位,并在张家山(二)开始测流及取沙。

10月23日,在刘昭华带领下,张家山水文站职工对1936年6月28日张家山(一)施测的大断面进行了接测,标绘出了1933年、1947年、1950年最高洪水位。

11月,陕西省防汛指挥部指令:张家山、洑头、魏家堡、神泉嘴、秦渡镇、涝峪口、泾川等水文站及铜川、凤翔雨量站向中央防汛指挥部及黄河水利委员会拍报水情。

11月1日至12月27日,陕西省水利局集中本省各地区水文、水位站的大部分干部、测工在沣惠渠管理局举办第一次水文工作人员培训班,历时 57 天。参加学习人员共 87 人,其中干部 38 人、测工 49 人。学习内容除整风运动材料外,业务技术方面择其急需,学习了洪水测流、资料整编、水位合理性检查、精密泥沙测验、仪器校正及简易测算等知识。

1952 年

2 月,开始观测气温、湿度、气压。泾惠渠开始第四次大坝加高,由工程师董玉璋负责施工,以钢筋混凝土镶高坝面 0.4 m,引水流量增至 26.05 m³/s。

4 月,开始观测风向、风力、云量、日照、能见度。

4 月 4 日,西北军政委员会水利部撤销张家山水文站下游泾河徐吴村水文站,合并于泾河道口水文站。

5 月,陕西省水利局通知张家山水文站开展精密泥沙测验。

5 月 7 日,陕西省水利局通知《为了加强各测站的水文测验工作兹决定将部分测站工作人员做适当调整》,其中决定将道口水文站工程员王北槐调往张家山水文站为工程员,浐河水位站技工杨天禄调往张家山水文站为技工,斜峪关水文站技工胡步云调往张家山水文站为观测员。

5 月 17 日,陕西省水利局批准张家山水文站修建土窑及为测船配置拨刀。

5 月 11 日,陕西省水利局为各站配发《水文测验学》《气象学大意》《青年气象学》三本书籍。

6 月,开始恢复流量测验。由于"三反"运动,本站从本年 1 月起至 5 月,一切水文测验全部停测,仅观测水磨桥水尺、记载气象。恢复流量测验后,低水用测船布设垂线,人力摆渡。

6 月 12 日,泾惠渠管理局任命李熙春为渠首管理处主任。

6 月 13 日,陕西省水利局同意张家山水文站添置器具。

7 月,陕西省水利局恢复陕西省水文总站建制,为科一级事业单位,设正、副主任 3 人,主任黄长龄,副主任高钟宪、沈继培。

7 月 17 日,陕西省水利局为了解决各灌区渠首水文站与管理处的矛盾,发布水文字 1351 号指示《为加强各渠局对各该管水文站领导的具体指示希遵照认真执行由》,指示站处组,没有管理处名义,渠首工作统由水文站领导,而水文站受总站及管理局双层领导。

7 月 29 日,陕西省水利局《准张家山水文站站长岳建业调任泾局渠首管理闸门启闭工作站长由王北槐代理由》,张家山水文站站长岳建业调渠首管理处管闸门启闭工作,站长由王北槐代理。

8 月,陕西省劳动厅通报全省安全事故频发,要求各单位注重安全,特别提出:"张家山水文站测浮标时用工人骑在木头上进行,殊为危险,应即取缔或另行设法,保证劳动人民的安全。"

8 月 29 日起,渠道水位由泾惠渠管理局张家山管理处负责观测。

9 月 19 日,给张家山站配备 2 名警卫人员,以保卫防汛电台。

10 月,陕西省水利局制定一套水文工作制度,1953 年 1 月起正式实行。其主要内容有水文区域的分区技术指导制度、领导关系制度（渠首站领导）、巡回测验制度、检查制度、会议制度、仪器保管使用方法、分级负责制度、报告制度、报表制度、人事制度、财务制度、站务领导方法等。

10月10日，泾惠渠杨寿登工程师由朱子桥黄河第四测量队所测大沽基面引点THLBM17，引测设 BM$_2$，将假设点 BM$_1$ 改为大沽基面点。

10月28日，陕西省水利局以水文字2415号向西北军政委员会水利部报送了《精密含沙测验方法实习报告》《泾河张家山精密含沙测验报告》，两报告系根据田新改陕州实习报告和张家山测站的实习报告编写。

1953 年

开始实施《泾惠渠水文气象观测办事细则》共16条。

1月1日起，雨量观测时间以小时为单位改为时分制记载。

2月13日，陕西省水利局就张家山站杨天禄2月3日冻坏量杯一事做出批复函53水文字0080号，命令其在生活会上检讨。

5月1日，开始观测草温、地温、水温。

5月22日，陕西省水利厅水文处完成了《校测张家山水文站补充报告》。

5月23日，陕西省水利局关中设站队李顺时、白凌霄对张家山水文站水准点进行复测。

6月5日，根据5月26日陕西省水利局〔53〕水文字0369号文，田新改为张家山水文站站长，接替代站长王北槐。

6月27日，气象园由张家山迁往赵家沟。

7月2日，陕西省水利局〔53〕文字第0558号通知陕西省邮电管理局王允中、刘子仲二人来张家山水文站进行电台发报工作，工资由张家山水文站支付。

7月6日，泾惠渠管理局派张宝秀等5人前来张家山水文站看护电台警戒，吃饭、住宿由张家山水文站提供。

7月26日夜20时40分，张家山水文站观测到月全食。

8月1日起，陕西省水利局水文分站启用圆形章。

9月1日，陕西省水利局〔53〕水文字第0140号《通知自五四年起试验张家山大坝水位流量关系曲线希于本年十月前供给所需资料以备试验由》，试验工作由西北水工试验所指导开展。

12月14日，黄河水利委员会批准陕西省水利局自1954年起将泾河上游泾川、政平两水文站与黄河水利委员会交口河水文站及北塬等9处雨量站进行交换调整。

12月，黄河水利委员会周子发、彭文藻对张家山水文站民国时期水文资料进行整编。

年底，陕西省水利局评出全省优良站为：张家山、武侯镇、商县水文站。优良工作者：田新改（改良浮标投放器）、李子峰（用纺织机原理，创造了高架浮标连续投放器）。

年底，陕西省水利局根据水文工作方针，按照水系特点和方便行政管理的原则，将全省划分为关中、陕北、安康、南郑、商洛5个水文区，区下设站，统一由省水文总站管理。

1954 年

春,水利部水文局修订报汛办法并重新颁布执行。报汛站统一编号,从本年起报汛站均用站号代码。

1 月,泾河上游甘肃省泾川水文站由陕西省水利局移交给黄河水利委员会。

2 月 21 日,陕西省水利局〔54〕水文管字第 022 号《为通知加强对渠首水文站的领导由》,规定了渠首水文站的管理要求。

3 月,陕西省水文总站成立资料整编组,着手对 1950～1954 年的原始水文资料进行整编,参加者有翟占海、肖树云、裴仲蓄、谭鑫钰、王北槐。

4 月 1 日,陕西省水利局更名为陕西省人民政府水利局。

5 月 6 日,陕西省泾惠渠管理局秘字第 175 号《批复购置地基希遵照执行由》批复张家山水文站在赵家沟建站,按照省水利局 4 月 26 日〔54〕水文字第 308 号准予购置土地。

6 月 1 日起,经省水利局、泾惠渠管理局批准,测工高天福因腿疾离职止薪休养。

8 月 1 日起,张家山水文站 6 名职工均佩戴了陕西省人民政府水利局重新配发的证章。

9 月 2 日,泾河中游亭口站观测得 6 h 最大雨量 165.2 mm。

本年,开展浮标系数的试验分析,1955 年做出了分析报告。

本年,泾河流量测验中采用了垂线 5 点法测速。

1955 年

从本年起,水位、流量资料在站整编,1954 年以前资料由黄河水利委员会和陕西省水文总站整编。

3 月,在泾惠渠渠首节制闸上、下游设立水尺,进行节制闸流量系数试验。

3 月 24 日,中央人民政府水利部〔55〕水文计汛字 291 号《通知迅即组织力量进行泾洛渭洪水调查工作》,命令陕西省水利局、黄河水利委员会、北京勘测设计院组织人员对泾河、北洛河、渭河历史洪水进行调查。

5 月,陕西省水利局主持,黄河水利委员会及西北院派员参加,由张金昌等 10 人组成调查组,在张家山调查得道光年间泾河洪峰流量为 18 800 m³/s。

5 月 22 日,陕西省人民政府水利局第六次局务会议决定,将原水文分站改为陕西省水文总站。

6 月 23 日,邮电部陕西邮电管理局介绍报务员章学娟、郭光明二人来张家山水文站担任报汛工作,工资由张家山水文站支付。

6 月 26 日,张家山水文站完成泾河水磨桥断面即张家山(一)水位流量关系曲线修订。

7 月 22 日,陕西省泾惠渠管理局通过了张家山水文站职工刘金玉本年 6 月 23 日损坏水银气压表的再次检讨书。

7 月,洑头村水文站、两涝气象哨、涝峪口水文站、安康水文站、道口水文站、亭口水文站回应了张家山水文站的水文测报挑战书。

7月,陕西省水利局水文总站编写完成《泾洛渭洪水调查报告》。

8月,陕西省水利局确定省水文总站下设审核组、整编组、测验组、行政组及设站队。下属各水文(水位)站、雨量站由分区一级领导机构分管。

8月4日,山洪暴发,从赵家沟、木梳湾附近流入泾惠渠。

8月11日,泾惠渠管理局管〔1955〕342号文《停止水磨桥断面观测的通知》,张家山管理处本月停止观测水磨桥泾河水位。

12月19日,泾惠渠管理局管〔1955〕581号文《1956年开始变更降水及蒸发量观测时制》,要求一律改用北京标准时,并以8时为日分界。

12月,陕西省水利局通知,自1956年1月1日起,各项观测项目按《水文测验暂行规范》执行,一律改用北京标准时,并以8时为日分界。

1956 年

1月1日起,张家山水文站按陕西省水利局要求执行水利部颁发的《水文测验暂行规范》,进行水文测验工作。

2月下旬,泾惠渠管理局工程师吴永昌、技术员杨德旭负责在衙背后村西侧泾惠渠旁筹建木梳湾抽水站(现张家山电力抽水管理站),4月动工,1957年5月机、泵安装完成,夏灌试渠放水,灌田1 000余亩。

3月1日,泾惠渠张家山管理处开始进行渠首引水闸流量过闸系数试验。

3月4日,张家山水文站开始观测岸上气温。

4月2日,陕西省张家山水文站全体职工、泾惠渠管理局工会委员会张家山工会小组就福建省水利局漳平二等水文站对水文工作发出的挑战书,发出应战挑战书。

5月5日,水利部黄河水利委员会制定《张家山基本报汛站1956年报汛任务书》,规定张家山水文站站名代码为97119,报汛时间从7月1日至10月31日。

6月10日,西安市长途报话局租给张家山水文站mp-15型15 W收发报机2台,用于报汛。

7月5日,苏联水利考察团灌溉组考察泾惠渠灌溉试验站、重点斗、渠首、社树分水闸、总干渠及和平农业生产合作社、雪河滩排水工程等,俄罗斯联邦共和国农场部水利局长鲍罗达夫倩柯和阿塞拜疆加盟共和国水利部副部长依兹马依洛夫等谈了灌溉试验的超前性和进行大面积机耕试验等意见。

7月26日10时,本站职工高树茂将钢丝绳由河的左岸拉向右岸,准备测流时不幸溺水。

8月7日,陕西省水利局水文总站〔56〕水文字第1165号《关于接收黄委会移交我省卅六个雨量站及拟设的十四个雨量站附属各种表簿希分别办理的通知》,其中将黄河水利委员会潼关分站管理的淳化雨量站划归张家山水文站管理。

8月18日,本站测得泾河年最大洪峰5 330 m^3/s。

10月2日,张家山水文站推荐申定敏为陕西省水利局年度先进个人,申定敏出生于1933年11月16日,西安市草滩人,为张家山水文站三级测工。

1957 年

1 月，张家山中心站成立，站长田新改。指导洑头、道口、亭口、苏家店、樊家河、翟家坡、口镇、砲子河等 8 个水文站。

本月，泾惠渠管理局张家山管理处更名为泾惠渠张家山管理站。

2 月，陕西省水利局通知，凡是和气象站同在一地或者相距不远的水文站，一律停止观测气象项目(不含降水量及蒸发量)。同时根据水利部指示"水文测站实行分层负责，双层领导"的精神，下发了"各测站任务书"。

3 月 10 日，泾惠渠管理局技术学习委员会《关于一九五七年在职干部业务技术学习计划》成立张家山管理站、水文站、抽水站中心组，由王继宏、田新改负责，刘金玉、岳建业、董安群、刘宗礼、王西强、田新改及抽水站杨德旭参加学习，3 月 19 日到 11 月 30 日学习水文业务知识及技能。

4 月，张家山水文站在水利部水文局《水文工作通讯》第二期发表论文《单位水样含沙量采样位置的选择及与断面平均含沙量之关系》。

5 月 25 日，张家山水文站完成《张家山水文站浮标测流方法》。

6 月 14 日，陕西省水利局通知张家山水文站汛期报汛电台不再架设，报汛由泾惠渠管理局负责接传，省水利局派一人协助值班。

8 月 14 日，泾惠渠张家山管理站进行了渠道水流脉动试验。

10 月，张家山水文站奉陕西省水利局水文总站指示，在淳化县卜家乡人民政府设立雨量站。

12 月 6 日，陕西省水利局〔57〕水文秘字 393 号文件通知从 1958 年 1 月 1 日起张家山水文站归泾惠渠管理局领导。

12 月 24 日，根据陕西省水利局〔57〕水站人字第 399 号，调张家山水文站站长田新改到陕西省水利局水文总站工作，涝峪口水文站雷闻远调来任站长。

1958 年

本年，水文资料在站整编，分区校审，总站复审，交汇刊单位汇审。

本年，张家山站上游报汛站亭口水文站兼有彬县断面。

本年，成立张家山分析室，采用地质二参速测器分析本站的水化学，用筛析法分析悬移质颗粒。

2 月 1 日起，张家山水文站上级业务管理单位陕西省水利局水文总站更名为陕西省水利厅水文总站。

3 月，陕西省、甘肃省政府协作会议商定，泾河水量各用一半(9 亿 m³)，甘肃省修建泾河支流蒲河巴家嘴水库、马莲河老虎沟水库，陕西省修建泾河大佛寺水库。

3 月 12 日，陕西省泾阳县邮电局就本月 10 日张家山水文站由王桥邮电所交寄郑州黄河水利委员会水利科学研究所 48#、49# 两箱水样中，49# 箱(5 瓶)中的一瓶被打破，写函致歉。

4 月 24 日 11 时 27 分至 11 时 50 分，泾河张家山站测量得流量 912 m³/s。这是张家山水文站有记载以来 4 月出现的最大流量。

7 月 11 日,张家山水文站出现了设站以来的最大含沙量 1 430 kg/m³。

10 月,陕西省水利厅设立水文处,统管全省水文工作,处长黄长龄。

12 月 31 日,截至当日 20 时,泾惠渠张家山管理站从本年 3 月 18 日开始共累计测验泾惠渠单位水样 1 933 次。

本年汛后,张家山水文站对测验断面、水准点、高程系统进行了全面校测。

1959 年

2 月 2 日,陕西省水利厅〔59〕水文字第 15 号要求,为了加强测站间的检查指导、联系交流和交流经验,自 1959 年起将张家山中心站下辖洑头水文站改为中心水文站,辖洑头、西河村、南河村三个水文站。

5 月 8 日,陕西省水利厅命令张家山水文站指导站亭口水文站,同时受泾河工程局领导,便于大佛寺水库施工期间的水情预报与工程完工后水库管理。

6 月,陕西省水利厅高凌云副厅长在泾惠渠管理局王明堂局长陪同下来泾惠渠渠首检查工作,要求张家山水文站和张家山管理站互相学习,促进河道、渠道的工作。

6 月 4 日,陕西省水利厅对 1959 年各中心站指导站进行了划分,规定张家山中心站负责指导的站有张家山、道口、口镇、苏家店、翟家坡、樊家河、亭口(泾河、黑河、彬县)、耀城。

6 月 16 日,陕西省水利厅要求张家山水文站指导站道口水文站恢复泾河断面水位、流量、单沙测验。

同日张家山水文站站长陈志林协助张家山管理站进行泾惠渠渠首洪水调查工作。

8 月 25 日,根据水电部对冬春水利运动开展算水账工作的安排部署,陕西省水利厅向各水文站发出《关于在全省范围内立即广泛开展算水账的要求》,张家山水文站随即着手开展此项工作。

10 月 28 日,陕西省水利厅根据张家山水文站指导站亭口水文站赵仁寿站长 10 月 16 日函请,发布〔59〕水文字第 147 号《为批复早饭头水位站可在本年 12 月底撤销并在大佛寺大坝下游增设测验断面》。按此文件要求,1959 年 12 月 31 日 24 时早饭头水位站停止观测。

11 月 6 日,三原县水利电力局〔59〕原水字第 96 号《关于迅速落实和加强群众水文工作领导的通知》要求张家山水文站负责指导泾阳公社西桥村、张阁村,石桥公社安龙庄的雨量观测。

12 月 31 日,截至当日 8 时,泾惠渠张家山管理站从本年 1 月 1 日 8 时开始累计测验泾惠渠单位水样含沙量 2 155 次。

本年,陕西省水文总站完成张家山站"枯水长期预报"方案编写。

泾惠渠张家山管理站副站长董安群获得"全国青年社会主义建设积极分子"称号。

1960 年

年初,陕西省水利厅水文处组织下属各中心站及测站开始编制短期洪水预报方案。

2月12日,陕西省水利厅要求,为了提供大佛寺灌区设计需要,决定在泾河张家山—大佛寺区间进行水文调查(以洪水为主),由张家山水文站、泾河灌区设计队、水利科学研究所协作进行,张家山水文站2月16日派职工赵荣贤参加调查。

2月23日,陕西省水利厅勘察设计院张家山地质勘查队两部钻机在泾河张家山大坝进行地质钻探,为安全要求从3月1日起亭口水文站泾河、黑河流量达50 m^3/s 时向张家山水文站报汛,由张家山水文站转报至张家山地质勘察队。

3月,由黄河水利委员会、长江流域规划办公室、陕西省水利厅、泾惠渠管理局等组成调查组,对泾惠渠灌区回归水进行调查,1962年底工作结束。

3月25日起,张家山水文站开始土壤含水量测验,每月测验3次,1961年4月5日测验后停止。

4月,张家山水文站作为中心站对下辖的亭口、道口、耀城、樊家河、翟家坡、口镇等6个水文站印发了《断面虚流量与实流量的关系初步分析单行材料》《测速历时分析单行材料》。

6月1日起,按照陕西省水利厅(1960年5月19日)水文测字176号便函要求,张家山水文站启用95418新水情站号。

6月6日,陕西省水利厅水文测字第220号便函,要求张家山水文站站号又改为95419(从6月9日开始使用)。

7月,张家山中心站完成了"简易水账计算查算表"。

7月4日,泾河中游旬邑县职田镇降暴雨,其中26 min降雨108.0 mm。

8月25日,张家山水文站印发了《水库水账实例计算》。

9月12日,张家山水文站作为中心站给下辖的亭口、道口、耀城、樊家河、翟家坡、淳化等6个水文站印发了《垂线精简试验》。

10月11日,陕西省水利厅〔60〕水文人字第96号调张家山中心站指导站泾河工程局亭口水文站站长赵仁寿回水利厅另行分配工作,亭口水文站站长由冯纪萍接任。

10月29日,陕西省淳化水文站公章启用,该站于本年8月1日设立,陕西省水利厅〔60〕399号文发给公章一枚,原陕西省口镇水文站于本年7月12日停止办公。淳化水文站业务受张家山水文站指导。

12月,泾惠渠管理局指令岳建业不再担任泾惠渠张家山管理处负责人,工作由董安群负责。

本年,测验中采用高缆布船,利用水力摆渡,人力辅助,提高了流量、含沙量的测验水位幅度。洪水时利用浮标投放期投放浮标,达到均匀投放,安全可靠。

1961 年

1月1日,陕西省水利厅水文处新制定《水文测验暂行规范》开始执行,原测站暂行规范停止使用。

3月30日20时以后,泾惠渠张家山管理站岸温观测由每整小时一次改为和水温、风力同步8时、14时、20时观测3次。

4月29日,陕西省水利厅颁发《陕西省水文测站管理要点》,对水文站管理制度进行了明确,内容包括测站工作制定、中心区会议制度、测站会议制度、报汛工作制度、财务制度、请假制度、休假制度等。

5月4日，张家山水文站河道皮线、长腰雨靴被盗，5月13日陕西省水利厅指示皮线在水利厅领取，长腰雨鞋由泾惠渠管理局解决。

7月1日，道口水位站撤销，按陕西省水利厅要求，该站指导雨量站由张家山水文站接管。

6月22日，陕西省水利厅〔61〕水文字第89号《关于设立延安中心水文站及取消交口、湫头中心水文站的通知》，湫头水文站不再担负中心站任务，与西河村、南桥站成立协作小组由湫头水文站召集，归并入张家山中心区。

9月1日，泾惠渠管理局由泾阳县姚家巷迁至三原县东稍门外，并以〔1961〕办124号文件通知基层单位。

1962 年

1月1日起，全省水文资料整编由测站汇集陕西省水利厅水文处，交换审查后，交黄河水利委员会及长办汇刊。

1月4日，陕西省水利厅〔62〕水文字第1号《检发本厅对各级水文测站1962年测验工作的意见及任务表》，规定张家山中心站指导张家山、亭口（泾、黑）、耀县（沮、漆）、淳化、樊家河、翟家坡、湫头、南桥、西河村等站。

2月24日，陕西省水利厅将耀城水文站自行车、柴家嘴水文站收音机调拨给张家山水文站使用，由张家山水文站派人去相应站领取。

3月3日，陕西省水利厅同意张家山水文站职工郭益鑫、党忠昭和临时工吕汉英要求回家生产的请求，相应支付工资办理手续离站。

3月22日，张家山水文站指导站耀城水文站经陕西省水利厅同意更名为耀县水文站。

4月7日，陕西省水利厅同意张家山水文站职工唐广运回家生产的请求，相应支付工资办理手续离站。

4月11日，陕西省水利厅厅长办公会议决定，以厅水文处为基础，成立陕西省水文总站，从5月1日起正式办公。

5月，泾惠渠渠首测流桥建成。

5月5日，陕西省水利厅同意张家山水文站职工刘金玉回家生产的请求，相应支付工资办理手续离站。

5月30日，因张家山水文站水情电报需要经过张家山管理站、社树、磨子桥、泾惠渠四个中转机，效率低，向泾惠渠管理局提出加强通信工作效率的要求。

6月25日，张家山水文站指导站翟家坡水文站按照陕西省水利厅通知停止观测。

9月，张家山水文站经费由陕西省水利厅拨款改为陕西省水利厅水文总站拨款。

11月15日，陕西省水利厅以〔62〕水文字第50号向水利电力部发出《关于亭口、斜峪关水文站迁移断面的报告》，计划将亭口水文站迁至早饭头，并在1963年完成。

11月17日，水电部发出《关于充实和调整水文组织机构的意见》，要求各地充实和调整水文站的技术力量，加强和健全省地两级管理机制，逐步恢复不恰当撤销的基本水文站,迅速提高水文资料成果质量。陕西省水文总站接文后即做出部署,向各水文站下发了该通知。

12月4日,陕西省水利厅水文总站〔62〕水文字52号《关于测站体制未收回前的注意事项的通知》要求,在水文站管理权没上收前水文站的人员调动、设施财产不能变动。

1963 年

1月,陕西省人民委员会贯彻水利部水文局指示,将张家山水文站交由陕西省水利厅水文总站领导,至此张家山水文站不再由泾惠渠管理局兼管。

1月14日,陕西省水利厅水文总站〔63〕水文人字021号通知原定张家山水文站站长陈志林调往马渡王水文站后站务由田玉禾代替,改为由申定敏代替。

1月15日,陕西省水利厅水文总站〔63〕水文总字07号文件通知张家山中心站撤销,张家山水文站并入耀县中心站管理。

3月16日,陕西省水利厅水文总站〔63〕水文人字108号通知将24级工申定敏调往白荻沟水文站任站长。同时调亭口水文站徐光辉任张家山水文站代理站长。

4月19日,陕西省水利厅水文总站〔63〕水文总字第45号《检发"水文测站指导关系划分表"》,规定张家山水文站归耀县水文站指导。

5月23日,陕西省水利厅根据陕西省人民委员会1962年12月27日会办字第800号批复全省水文测站(包括渠首站)均收归水利厅统一管理的要求,制定〔63〕水人字第122号《关于下达水文测站人员编制名额的通知》,确定张家山水文站编制6人,业务归耀县中心水文站指导。

5月29日,收到黄河水利委员会拍报要求,其中张家山水文站水情站号为46535。

6月9日,收到陕西省水利厅水文总站通知要求,张家山水文站气象继续观测。

6月13日,收到景村水文站启用公章的函。

7月21日,泾惠渠管理局发来〔63〕管字207号《对1963年野狐桥断面水位流量关系修正曲线的批复》,这是对泾惠渠张家山渠首站7月20日〔63〕张字6号《呈送批复使用野狐桥断面水位流量关系修正曲线的请示》的答复。

8月22日,收到陕西省水利厅〔63〕21号《为解决渠首水文站财产及工作范围问题》的文件。

10月,陕西省水文总站编制完成张家山水文站合成流量预报方案。

12月,耀县中心区组织人员对张家山水文站进行测站鉴定,编写成《陕西省水利厅张家山水文站基本情况鉴定书》,其中记载:报汛经过泾惠渠三道总机转接,通话声音不清;由于赵家沟站院和河道观测房中间间隔泾惠渠,架设险桥下临泾惠渠水面,坡陡路窄,鉴定组和张家山站一致建议将测站迁移到河对面,通信可利用泾惠渠通北屯抽水站线路。

本年,水文资料整编采取集中审线,在站整编,要求"保证项目齐全,方法正确,数字规范无误,图表整齐清晰,按时交出成果"。

1964 年

1月25日,张家山水文站在周陵、礼泉、阡东、马庄、窑店、通远坊6个下辖雨量站中评选出周陵雨量站为先进雨量站，观测员为周陵中学地理教师陈鸿宽。

3月6日，根据水利电力部〔64〕水电文字第53号《关于改变体制后水文机构设置、名称和印章篆发等问题的通知》规定，陕西省水利厅水文总站更名为水利电力部陕西省水文总站。

4月3日，接水利电力部陕西省水文总站3月24日〔64〕水文总字第16号通知，将陕西省水文体制上收水利电力部领导，原陕西省张家山水文站改为陕西省水文总站张家山水文站，并颁发木质圆形印章一枚，从即日起开始使用。

4月23日，张家山水文站下属礼泉雨量站撤销，雨量筒转给景村水文站下属巨家雨量站使用。

5月，张家山水文站接到陕西省耀县中心水文站印发的《测站管理制度》，从岗位职责制、会议制度、学习制度、财务制度、请假休假办公制度、公文资料管理制度、财产管理制度、安全制度八个方面对水文站工作进行了规范。

6月14日，泾惠渠总干渠野狐桥张家山管理站观测气温百叶箱、自记水位计木箱、横式采样器、15 kg铅鱼等观测设备被一年轻人扔到泾惠渠被水冲走，张家山管理站及时向泾阳县石桥派出所报案。

6月26日，根据水利电力部陕西省水文总站通知，经与王桥公社联系，取得岳家坡大队同意，聘请过去在张家山水文站当过工人的该队岳荣昌为汛期临时工，时间为5个月。

7月27日，陕西省水文总站耀县中心水文站给张家山水文站发来贺信，主要内容为：7月17日出现2 100 m³/s洪峰过程中仪器实测1 050 m³/s，这是截至该年张家山水文站设站以来仪器实测最大流量。

9月29日，水利电力部陕西省水文总站、中国农业银行西安市中心支行、中国人民银行西安市分行联合发文《关于农业银行接办陕西省水文总站所属单位拨款工作的联合通知》〔64〕水文财字第64号、〔64〕农银拨字第06号、〔64〕银会字第62号，规定张家山水文站人行开户行为泾阳县石桥营业所。

1965 年

4月26日，水利电力部陕西省水文总站〔65〕水文设字15号文件通知张家山水文站归陕西省水文总站省东分站管理，陕西省水文总站省东分站系原马渡王中心站，合并耀县中心站后组建。

5月21日，根据水利电力部陕西省水文总站5月10日〔65〕水文政字第17号文件，张家山水文站上级单位陕西省水文总站耀县中心水文站和陕西省水文总站马渡王中心站合并为陕西省水文总站省东分站，办公地点为马渡王。

10月上旬，张家山水文站至石桥电话线路修建过程中，在泾阳县王桥公社木梳湾村东南泾惠渠朱子桥存放的红松木杆40根中有5根丢失。该电话线最终于本年12月27日架设竣工正式通话，线路全长12.5 km。

12月4日，由于参加社教活动，泾惠渠张家山管理站缺测18时水位，并电话几个小时无人接听，11日陕西省泾惠渠管理局〔65〕泾管字第257号《关于渠首站缺测水位失误电话的通报》要求调整工作安排，确保水位正点观测，电话联系及时。

1966 年

1 月 6 日,陕西省泾惠渠管理局〔66〕泾人字第 03 号《关于站、厂、队领导干部任命的通知》,任命董安群为渠首(张家山)站站长。

1 月 25 日,水利电力部陕西省水文总站〔66〕水文秘字第 05 号《转发关于加强水泥纸袋回收工作的通知》要求各水文站回收水泥纸袋达到 80% 以上,交当地回收部门。

1 月 27 日,水利电力部陕西省水文总站〔66〕水文政字第 06 号《关于任免李明毓等十六位同志职务的通知》,任命李明毓为张家山水文站站长,原站长徐光辉任涝峪口水文站站长。

2 月,水利电力部陕西省水文总站通知停止气象观测。

3 月,水利电力部陕西省水文总站用汽车给张家山水文站拉来水泥等建材,张家山水文站着手修建跨越泾惠渠吊桥。

4 月,通向河道跨越泾惠渠吊桥修建完工,用时一个半月。

5 月 26 日,接水利电力部陕西省水文总站〔66〕水文情字第 22 号《关于石砭峪、黑河亭口水位站、樊家河水文站、太白镇雨量站今年不能拍报雨、水情的函》,黑河亭口水位站改为委托群众观测的水位站,停止向张家山水文站拍报雨、水情。

5 月 27 日,水利电力部陕西省水文总站给张家山水文站重新发放了修订的《测验任务书》。

6 月 15 日,泾阳县财政局向张家山水文站征收河滩地 3.5 亩农业税,中级小麦 75 斤,每斤 0.138 元,持现金向财政局缴纳。

7 月 2 日,水利电力部陕西省水文总站发文〔66〕水文情字第 24 号《迅速解决水情电报的接收问题》,就张家山水文站因人员少,6 月 15 日 1 时、6 月 26 日 22 时电话无人接听,泾阳县邮电局两次派人连夜送报,希望张家山水文站对此召集全体职工讨论。

7 月 27 日 7 时 45 分,张家山站测船被洪水冲走。当日泾河张家山站出现洪峰 7 520 m³/s。

9 月 6 日,响应上级号召,张家山水文站全体职工建议将站名改为红卫村水文站。

9 月 15 日,张家山水文站属站三原县樊家河雨量站出现咸阳地区目前记录 5 min 最大雨量 15.4 mm(10 min 26.2 mm)。

10 月,张家山水文站完成《精减测速测点试验分析报告》、《精减测点流量试验分析报告》、《垂线流速系数分析》,并上报陕西省水文总站。

10 月 10 日,水利电力部陕西省水文总站〔66〕水文秘便字第 232 号同意将张家山水文站下余土地让生产队耕作,但是土地权属仍是张家山水文站。

10 月 13 日,水利电力部陕西省水文总站要求各水文站收回销毁水位、雨量站印章。

11 月 12 日,水利电力部陕西省水文总站〔66〕水文政字第 37 号《请协助安排刘家河(等)水文站 11～12 月临时工的函》,因集中职工开展"文化大革命"运动,请泾阳县为张家山水文站 11～12 月安排临时工 1 名。

11 月 16 日,张家山水文站按照上级要求收回马庄、通远坊、周陵、窑店雨量站公章销毁,其中阡东雨量站公章丢失。

12月,陕西省泾惠渠管理局制定《泾惠渠渠首改善工程大坝设计说明书》,其中采用泾河工程局分析成果对本年7月27日冲毁的泾惠渠渠首大坝重新设计。

12月26日,经陕西省人民委员会批准,泾惠渠管理局更名为人民引泾渠管理局。

本年,完成《陕西省张家山水文站测速测点数精简的试验分析报告》,选用1956~1966年5点法实测资料30次,分析出流速仪法0.2系数、0.5系数、0.6系数。

1967 年

1月1日,水利电力部陕西省水文总站通知,即日起停止观测水位中的附属项目(风向、风力、起伏度)。

1月6日晚,在泾惠渠张家山管理站观测房,6名职工在学习人民日报社论后成立"毛泽东思想东方红造反队"。

1月,省水文总站通知张家山等9站停止水温观测。

1月22日,人民引泾渠革命造反纵队组织夺权,宣布"一切权力归造反派"。

4月28日,水利电力部陕西省水文总站〔67〕水文测字第03号通知停止风向、风力、能见度等观测。

6月,泾惠渠管理局启用人民引泾渠新印章。

7月15日,水利电力部陕西省水文总站〔67〕水文测字第16号《关于张家山等站试验分析资料的批复意见》对"张家山水文站测速测点精简及流速系数分析"批复。

本年,资料整编不再集中审线。

1968 年

1月1日,经水利电力部陕西省水文站同意,撤销张家山水文站下属周陵雨量站,该站附近有咸阳气象站。

5月4日晚,泾阳群众组织"联总"武斗人员乘汽车到张家山泾惠渠大坝抢炸药、雷管等东西,将泾惠渠张家山管理站职工张振西桌子打开,盗去公款40元以及其本人工资28元计68元。

9月14日,经陕西省革命委员会9月10日陕革政批〔68〕300号批准成立水利电力部陕西省水文总站革命委员会,10月1日启用水利电力部陕西省水文总站革命委员会印章。

10月14日,水利电力部陕西省水文总站革命委员会〔68〕水文革办字第05号《关于重新刻制各水文站公章的通知》,要求各水文站重新刻制各站公章,圆形直径3.8 mm,其中张家山水文站名曰"陕西省水文总站革命委员会张家山水文站"。

1969 年

1月1日,陕西省革命委员会以陕革发〔69〕2号文件《关于撤销、新设和调整一部分单位隶属关系的通知》,陕西省人民引泾渠管理局下放归咸阳地区革命委员会领导。

4月,接水电部军管会关于水文管理权限下放通知,将部属省级水文总站及其下属水文测站下放给省级革委会管理。

9月6日，陕西省革命委员会按照中共中央的决定，成立了陕西省人民防空领导小组，在专县也建立了相应的组织。在人民防空领导小组组织领导下，全省展开了挖防空洞、防空壕的活动。张家山水文站响应号召9天时间挖防空洞50余m。

10月30日，根据陕西省水文总站革命委员会〔69〕水文革办字第15号《关于启用新印章的通知》，"水利电力部陕西省水文总站革命委员会"变更为"陕西省水文总站革命委员会"印章。

11月4日，泾阳县王桥税务所更名为泾阳县王桥收入管理所，并给所辖范围内所有单位，包括张家山水文站发来通知。

12月1日，木梳湾抽水站改建工程委员会成立，12月26日启用"泾阳县王桥公社木梳湾抽水站改建工程委员会"印章。

1970 年

2月，泾惠渠渠首工程复工，包括修建进水闸、改建二龙王庙退水闸、节制闸及扩大隧洞、加高石堤等。由熊俊才、周秦瑜、李瑞庆负责施工，年底全部完成。

4月20日，泾惠渠张家山管理站停止连续观测泾惠渠水温、岸温。

5月11日，陕西省咸阳专区人民引泾渠渠首工程指挥部召开第四次（扩大）会议，总结了自4月20日开工以来临潼营、高陵营、泾阳营、三原营的工作情况，其中临潼、高陵两营86个排（生产大队）已有41个排提前9天完成一期工程任务（渠底、右岸砌护），转入第二期施工（左岸砌护）。承担新建进水闸工程的三原营，在提前完成闸洞石方开挖任务的基础上，又浇筑了洞底混凝土。泾阳营也奋战二号洞做出了成绩。

6月，陕西省水文总站再次修订张家山水文站合成流量预报方案。

6月28日，人民引泾管理局为了适应灌区渠系改善工程的需要，成立陕西省人民引泾渠管理局渠系改善工程革命领导小组，在泾阳县石桥镇石桥小学办公。

8月5日，张家山水文站实测泾河全年最大流量2 700 m³/s。

8月29日，陕西省水文总站革命委员会拨款550元用于张家山水文站测船维修。

10月，人民引泾渠张家山管理站就泾惠渠测流桥水文缆车进行了设计。

11月，人民引泾管理局在张家山开始筹建"泾惠渠水泥厂"，周秦瑜、叶遇春负责筹建工作，至1971年冬主厂房建成，1972年修建辅助设施、安装磨机，试运生产。

11月20日，陕西省水文总站革命委员会拨款230元用于张家山水文站维修地道及水池。

1971 年

撤销张家山水化分析室，水样送至陕西省水文总站省东水文分站分析室化验。

3月9日，张家山水文站被陕西省水文总站革命委员会评为1970年度"四好单位"；职工赵树林被评为"活学活用毛泽东思想积极分子"，乔生贵被评为"五好工人"。

1972 年

1月17日，陕西省水文总站通知报汛雨量站0.5 mm以上拍发电报。

2月，因泾阳县木梳湾抽水站的修建，张家山水文站站院部分被占用，观测场被抽水站的渠道分割于渠道南侧耕地中设立。

2月5日，陕西省水文总站革命委员会〔72〕水文革字第07号《检发1972年测验、分析任务》规定，张家山水文站指导阡东、马庄、窑店、通远坊、南坊镇、樊家河、人民引泾渠的观测。

3月24日，陕西省水文总站革命委员会〔72〕水文革字第061号《关于一九七二年水情拍报任务的通知》规定，张家山水文站除拍报本站及雨情站外，还应拍报渠道旬、月平均流量（非汛期5日报）。

6月5日，陕西省水文总站革命委员会〔72〕水文革生字第33号《关于检发"黄河流域历年资料审查工作总结"的通知》指出，在省水电局领导下，水文总站组织人员对陕西省黄河流域各站历年流量、沙量资料做了审查。发现解放前和解放初期泾河亭口站历年实测最大流量1 710 m³/s，延长推算5 100 m³/s，道口站历年实测最大流量2 530 m³/s，延长推算到7 360 m³/s；亭口站百秒立方米以上流量几乎都用浮标法，浮标系数随意性大，测验质量差；张家山站1952年6～12月流速仪有问题造成所测资料无法使用。

7月25日，张家山水文站下游4 km处王桥镇船头村泾河大桥竣工，桥长205.4 m，西安北环线通车。

8月1日，陕西省水文总站省东分站革命领导小组给张家山水文站配发含沙筒20个，每个预算3.5元。

8月8日，陕西省水文总站革命委员会〔72〕水文革字第55号《检发高桥水文站电动缆车箱内操作运行简介材料的通知》，根据该材料吊箱在箱内操作就能控制来回运行，一般情况下一个人就可以测流，为此向各水文站推广，张家山站因泾河洪水猛烈，并未采用。

10月5日，水利电力部发文，〔72〕水电水字第58号《对当前水文工作的几点意见》，从水文工作的思想政治路线；做好水文工作，更好地为国民经济建设服务；提高测报质量；加强水文工作管理；建立健全规章制度；大搞技术革新等六个方面对水文工作进行了指导。

1973 年

1月5日，陕西省水文总站在张家山水文站办的学习班灶上宰杀鸡20只、羊3只，这些鸡、羊均为张家山水文站饲养。

1月26日，陕西省水文总站省东分站给张家山水文站拨款550元，其中工资250元、经费300元，这是经费首次由陕西省水文总站省东分站拨付，之前由陕西省水文总站拨款。

5月，陕西省水文总站完成"张家山水文站枯水长期预报"编写报告。

5月15日，张家山水文站对测验河段进行调查分析，主要结论为：各处距离，泾惠渠进水口0 m，大坝50 m，原测流断面500 m，卧牛石1 600 m，赵家石桥2 950 m，现测流断面3 450 m；原测流断面系连山石断面无变化；卧牛石河底被冲深1 m，冲宽1 m；赵家石桥与现测流断面被冲深1 m，冲宽1.5 m。

6月，张家山水文站改悬索为悬杆测流，开展250 cm³、500 cm³、1 000 cm³不同容积采样器试验。

7月13日,张家山水文站在洪水测验中将一架旋浆流速仪掉入洪水被冲走。

11月,开始记载的泾惠渠张家山渠首管理站水位记载表中只记载水尺读数,不再加水尺零高。

12月11日,中共咸阳地委通知:"经与省水电局洽商,引泾灌区跨两地一市,领导不便,省人民引泾渠管理局仍归省直领导 。"

本年,张家山管理站调查收集了大量引泾资料,编写了《引泾渠首情况介绍》《引泾渠首简介》,同时制作碑文说明,绘制泾惠渠原始平面图,渠首建筑物拍照,布置了陈列室。

1974 年

5月,因1973年11月木梳湾抽水站改建工程由白王公社负责在张家山水文站基本断面和上断面区间挖沙,后白王公社想占用此处为自己的沙源地,为此张家山水文站请求陕西省水文总站、咸阳水电局、泾阳水电局出面协调,停止了挖沙。

5月,陕西省水文总站颁发《张家山水文站测验任务书》,要求当年6月1日起执行,同时要求填制测站考证簿。规定:水位平水期观测4次,洪水期坐守观测,冰期根据水温变化加测。

9月15日,张家山水文站因维修电话线路委托陕西省水文总站五七工厂加工横担(含抱箍、支撑)72副,花费149.80元。

10月,人民引泾渠张家山管理站给泾惠渠测流桥设计了自记水位计。

12月,张家山水文站对中断面观测窑进行修建,开始修建双主索缆道。

1975 年

1月11日,陕西省人民引泾渠管理局革命委员会泾革政字〔75〕第01号《关于赵辉同志职务任免的通知》,免去张家山渠首站赵辉站长职务,调配水站任站长;张振西由张家山渠首管理站副站长任命为站长。

4月10日,陕西省水文总站省东分站革命领导小组调张家山水文站赵树林任淳化水文站站长,同时调涝峪口水文站王希勃为张家山水文站站长。

7月19日,陕西省人民引泾渠管理局革命委员会下发泾革灌字〔75〕第19号《一九七五年高含沙引水灌溉试验计划》,文件指出,根据近年实践及渠道情况,高含沙引水界限暂定为30% ~40%。为此,计划由泾河杨家坪、马莲河雨落坪拍报水沙情,张家山管理站承担泥沙测验,并在张家山水文站协助下进行颗粒分析。

7月28日,张家山水文站观测到暴雨值,10 min最大23.8 mm,1 h最大雨量44.6 m。

9月21日,张家山水文站河道测流双主索缆道续建计划上报。测验仍用测船,本年最大测验流量660 m^3/s。

11月,陕西省水电局修建由泾阳县王桥西石桥至张家山的公路,全长5.86 km,路基宽6 m,路面宽5 m,路面铺石厚度12 cm,投资12万元。

12月16日,张家山水文站就河道使用泾阳县木梳湾抽水站动力电没有保障等问题,向陕西省水文总站省东分站报告。

1976 年

1 月 6 日,张家山站下游泾阳县城南修石渡泾河大桥开工修建,1979 年 5 月 1 日通车。

3 月 2 日,陕西省水文总站省东分站革命领导小组拨款 80 元,让张家山水文站架设高水浮标投放器,4 月架设成功投入使用。

4 月,张家山水文站双主索缆道架设完毕,同时对基本断面、比降断面台阶路进行了设计。

6 月 22 日,陕西省水文总站省东分站革命领导小组同意张家山水文站 7 月、8 月、9 月三个月雇用临时工 1 名,工资每月 45 元。

9 月 9 日,张家山水文站职工听到毛主席逝世的消息万分悲痛,购回黑纱佩戴,9 月 18 日下午 3 时分别参加了泾阳、王桥追悼大会,坚守河道的职工在观测窑洞收听了广播,肃立哀悼。

9 月,阴雨影响张家山水文站办公室后围墙和厕所部分坍塌,均为土质。

12 月 11 日,张家山水文站泾河测验用双主索缆道正式投入使用。

1977 年

3 月 17 日,张家山水文站下属南坊雨量站增设自记雨量器,从本年 4 月 1 日起正式观测。

4 月 26 日,张家山水文站重新设立赵镇雨量站,观测场位于礼泉县赵镇水管站后院,配发 20 cm 雨量器 1 个、上海钻石闹钟 1 只、储水瓶 2 个、雨量杯 2 个,从本年 5 月 1 日起正式观测。

4 月 27 日,张家山水文站重新设立建陵雨量站,观测场位于礼泉县建陵公社良种场院内,配发 20 cm 雨量器 1 个、上海钻石闹钟 1 只、储水瓶 2 个、雨量杯 2 个、铁脚架 1 个,从本年 5 月 1 日起正式观测。

7 月 5 日,泾河上游发生暴雨,其中隆德县李士站 19 h 降水量达 255 mm,泾河及支流马莲河形成洪水。7 月 6 日洪水到达泾河张家山,张家山水文站测得洪峰流量 5 750 m^3/s。

8 月 23 日,陕西省水文总站省东分站革命领导小组拨款 500 元,让张家山水文站修建 2 m×3 m 浮标房。

12 月,张家山水文站将站院外气象场移至站院内,为此将门楼拆除,移至东面。

1978 年

3 月 5 日,张家山水文站根据 1977 年洪水情况,提出将主索从窑洞内升高至窑顶上,后上级未批准实施。

5 月 16 日,陕西省水文总站省东分站革命领导小组拨给张家山水文站修建土木结构门楼款 150 元,陶井款 50 元。

6 月 1 日,按照水电部、邮电部《关于划分全国汛期和非汛期补充规定的通知》,每年

6月1日至10月31日为汛期,当年11月1日至次年5月31日为非汛期。

6月29日,张家山水文站职工迟抄水情电报,受到泾阳县水利局质问,后于7月6日写出整改措施一份。

7月16日,张家山水文站向陕西省水文总站申请搬迁站房,使站院和河道合为一处,后未经批准。

7月20日,陕西省水文总站省东分站革命领导小组拨款200元,让张家山水文站购买探照灯1台。当日张家山站观测到6 h最大降水量62.8 mm。

12月22日,陕西省水电局通知,撤销"陕西省人民引泾渠管理局革命委员会",恢复"陕西省泾惠渠管理局"名称,重新组建局务会议及局长办公会议。

本年,资料整编采用电算,采用的整编程序由分站负责电算的人员编写调试。

1979 年

1月10日,陕西省水文总站通知停用革委会印章,在新印章没有到之前可代用原章。

1月15日,张家山水文站河道测验断面观测房由于非汛期不住人,被撬开4把锁,盗走细塑料绳30 m、电池1对。

3月30日,张家山水文站河道测验断面观测窑内50 kg铅鱼1个被盗走。

8月14日,因甘肃庆阳巴家嘴水库出现险情,陕西省水文总站因此联系让巴家嘴水库水文站向景村、张家山水文站报汛。

10月5日,陕西省水文总站省东分站〔79〕东水便字44号决定,给张家山水文站购买自行车1辆。

10月5日,陕西省水文总站省东分站〔79〕水情通设字07号给张家山水文站拨款585元,修建站房至河道通信电话线路2 km。

本年,陕西省水文总站给张家山水文站配10 W单边带电台1部。

1980 年

1月,启用陕西省泾惠渠管理局张家山管理站公章,原陕西省人民引泾渠管理局张家山管理站公章停止使用。

本月,陕西省水文总站确立张家山水文站测验断面为泾河水质监测断面。

3月,陕西省水文总站决定从当年起,电算整编工作由分站负责进行。

4月,陕西省水文总站仪器检定站成立,张家山水文站流速仪送往检定。

4月7日,陕西省水文总站省东分站陕水文东水发字〔1980〕第05号《关于启用新印章的通知》,"陕西省水文总站省东分站革命领导小组"更名为"陕西省水文总站省东分站"。

6月8日,陕西省水文总站省东分站给张家山水文站颁发新印章。

10月,遵照国务院批转《国家劳动总局地质部关于地质勘察职工野外工作津贴的报告》和陕西省劳动局、地质局关于贯彻上述报告的联合通知精神,陕西省水文总站给在偏僻山区从事水文野外工作的职工发放野外工作津贴,按地区分类执行,标准每日0.8~1.2元不等。

11 月 19 日,陕西省水文总站给工作人员更换工作证。

12 月,陕西省水文总站景效礼负责完成了《张家山站洪水波展开法流量过程预报》。

1981 年

5 月 3 日,陕西省水文总站省东分站调张家山水文站职工段和平到湫头水文站工作,调赵荣贤到张家山水文站工作。

6 月,陕西省水文总站同意张家山水文站修建通向河道跨越泾惠渠的永久性桥。

7 月,陕西省水文总站景效礼负责完成了《张家山站分段连续演算法流量过程预报》。

9 月 17 日,张家山水文站职工在泾河测流时将 25 型流速仪掉在洪水中被水冲走。

10 月,陕西省水文总站要求张家山水文站开展 E601 蒸发器和 20 cm 蒸发皿对比观测。

10 月 25 日,陕西省水文总站省东分站临时调赵荣贤参加其组织的巡、简测方案分析工作。

12 月 30 日,陕西省水文总站省东分站给张家山水文站拨款,其中办公楼计划建筑面积 280 m²,每平方米造价 110 元,计 30 800 元,跨泾惠渠桥 1 万元整,围墙 58 920 元。

1982 年

陕西省水文总站省东分站批准张家山水文站《简测方案》《水面含沙量与垂线平均含沙量关系》两项报告。

3 月 2 日,张家山水文站向陕西省水文总站省东分站报告,由于所用抽水站电路,因不抽水时长时间停电,需从木梳湾村八队架设线路,预算除变压器和施工费外材料费为 1 955.80 元,后未架设成功。

3 月 15 日,陕西省泾惠渠管理局委托陕西省水电设计院测量队沿重要干支渠每 2~3 km 设立四等水准网测量标志,4 月 27 日完成。总共设立测量标志 38 处。其中,张家山渠首大坝附近设有"总干 01",渠首站院内设有"总干 02",木梳湾抽水站门口设有"总干 03",朱子桥设有"总干 04"。

7 月 27 日,张家山站完成《张家山站流量简测法方案分析报告》,选取测验断面起点距 45 m、50 m 作为分析垂线,进行精简分析。

8 月 26 日,张家山站完成《张家山站水面含沙量与垂线含沙量比测报告》,比测结果:在洪水期用水面一点法代替定比混合法采取单位水样误差很小。

10 月,张家山水文站通往泾河观测断面跨越泾惠渠吊桥改建为钢桥,花费 14 558.80 元,同年修建了围墙、站房等。

12 月中旬,张家山水文站架设站至河道电话线路,上级拨款 350 元。

12 月 21 日,由马庄基建队承建的张家山水文站楼房工程基本竣工。

1983 年

1 月,陕西省水文总站水情科编写成《泾河张家山站沙峰预报方案》。

3 月 3 日,陕西省水文总站制定出《水文测验质量评定标准》《水化、泥颗分析评定标准》《水情工作技术标准》《水文资料整编质量评定标准》《洪水调查资料整编成果验收标准》,下发各站执行。

10月6日,泾惠渠管理局任命杨明泉为张家山管理站站长,调原站长杨振西为泾惠渠修配厂党支部书记。

陕西省水文总站要求,从本年起资料审查工作由各分站安排进行。

1984 年

4月,根据水利部及陕西省人事厅联合通知精神,陕西省水文总站决定从1984年7月起给职工发放野外工作津贴。

5月,张家山水文站汛前准备制作浮标200~300个。

8月7日,陕西省政府发布《关于保护水文测验设施和设备的通告》。

9月25日,陕西省水文总站省东分站给张家山水文站拨款6 000元,计划修建河道观测房3间。

10月28日,张家山水文站向上级陕西省水文总站省东分站申请安装10 kVA配变供电线路,预算6 516.50元,后一直未批准,仍租用木梳湾抽水站(现张家山电力抽水灌溉管理站)电力线路至今。

1985 年

4月4日,陕西省水文总站省东分站《关于做好引测基本水准点工作的通知》要求,5月底前完成水准测量工作,张家山、淳化两站互相协作,由张家山站牵头进行水准点测量工作。

4月18日,陕西省水文总站省东分站批复张家山水文站2月8日完成的《张家山站流量简测方案的分析》(赵树林主编)。

4月18日,中国科学院西北水保所侵蚀室委托张家山水文站汛期代采三瓶水样,每瓶5元,该研究水样从1982年开始就由张家山水文站代采。

5月上旬,陕西省省长李庆伟、副省长孙达人,咸阳市委书记许延方、市长祝新民等,由泾惠渠管理局党委书记程茂森、局长李瑞庆陪同视察张家山泾惠渠渠首工程,对加强保护历代引泾渠口遗址及渠首绿化做了批示。

6月,水样送至陕西省水文总站分析室,根据陕水文水源字〔1985〕第003号《水质监测规范贯彻意见及八五年水质监测任务的通知》,省东分析室从6月停止水化分析,张家山水文站单月10日采样后送陕西省水文总站分析室化验。

10月16日,泾惠渠管理局泾人劳字〔1985〕第022号任命冯宁贵为张家山管理站站长,免去杨明泉站长职务。

年底,陕西省文物局秦建明,西北大学赵荣、杨政在对历代引泾工程遗址调查中发现了北宋丰利渠口水尺刻画。

1986 年

4月3日,陕水文东水发字〔1986〕第07号《关于改变分站名称的通知》,张家山水文站上级领导机关陕西省水文总站省东分站更名为陕西省西安水文水资源勘测大队。

7月2日,国务委员谷牧冒雨赴张家山考察郑国渠遗址,步行2km查看了历代引泾工程遗址,赞叹道:"真了不起!我们民族不愧是伟大的民族。"

7月,张家山水文站开始在泾惠渠大坝进行过坝系数试验水文观测工作,在张家山(二)断面、泾惠渠火烧桥断面、泾惠渠大坝以下75.6m三处设立水尺断面同步观测。

8月,按照西安水文水资源勘测大队技术股要求,张家山水文站对河道主索地锚进行了加固。西安水文水资源勘测大队张普负责完成了泾河张家山站"洪水波展开法补充"和"流量演算法补充"两技术方案工作。

8月18日,陕水文西水勘发字〔1986〕第22号《关于使用浮标助力分布系数有关注意事项的通知》,对测验中浮标阻力分布系数A值、浮标形式等做了要求。

11月13日,泾惠渠管理局成立《泾惠渠志》编纂领导小组,李瑞庆任组长,程茂森任副组长,叶遇春任主编,李林任副主编。设办公室,李林兼办公室主任,抽调人员,正式开始编写工作。

11月18日,张家山水文站站院至河道、站院至渠首报汛电话线路大修完毕。

12月,陕西省水文总站接收由水电部水文局统一进口的VAX-11/730计算机系统机,经美方代理和总站共同拆箱验收,12月30日进行了安装调试,即投入使用。

本年,张家山水文站荣获西安水文水资源勘测大队水情"四无"站。

1987 年

2月,陕西省水文总站刊印的"泾河水系测站编码一览表"中列出张家山水文站8位站码。

4月27日,张家山水文站新配电台1部。

5月,泾阳县人民政府在张家山西疙瘩设立郑国渠首文管所。

6月2日,泾阳县邮电局就张家山水文站无直达泾阳县邮电局报房电话线路一事要求张家山水文站一次性交付11 500元,或者每月租用其现有线路费用675元。

9月22日,陕西省西安水文水资源勘测大队继续拨款200元,累计本年拨款400元用于流量过坝系数试验工作。同时再拨款100元,累计拨款200元用于比降面积法测流试验。

9月,陕西省水文总站行政会议通过《陕西省水文系统职工职业道德规范》,总的要求是"真实、准确、及时、服务"。

1988 年

春,陈安福于泾阳县太壶寺创作《历代引泾渠首》图,生动地描绘了泾河张家山水文站(一)、(二)断面的泾河河道情势。

3月3日,张家山水文站就春节前后礼泉县北屯乡湾里王、湾里高村民在断面上下200m范围内进行挖沙放炮、偷盗水文设备,向礼泉县水电局进行了通报。

5月26日至6月1日,全苏水利设计院副院长阿勒都宁为团长的苏联水利考察团一行四人来到陕西省进行水利工作考察,其间来到泾惠渠渠首大坝进行了考察。

8月8日,张家山水文站李养民及临工赵成在泾惠渠大坝观测水位时洪水突涨将李养民的自行车冲走。

8月15日,陕西省水文总站陕水文测字〔1988〕第14号《关于了解各种型号蒸发器对比观测情况和对比观测成果分析提纲的函》,列出了从1987年4月起经过两年对比观测,张家山水文站E80/E20蒸发器4~9月每月的折算系数。

10月9日晚,张家山水文站通王桥邮电所报汛专线150 m电话线被偷盗,造成张家山水文站当日水情电报晚报2 h。

10月6日,陕西省泾惠渠管理局任命冯宁贵为泾惠渠张家山管理站站长。

10月10日,张家山水文站完成《溢流坝率定流量系数试验综合分析》。

1989 年

1月,根据陕西省西安水文水资源勘测大队陕水文西水勘〔1989〕第02号《关于非汛期实行集中轮休的试行办法》,张家山水文站职工每人非汛期可轮休两个月。

6月16日,陕西省水文总站测验科就张家山水文站在泾惠渠75.6 m处设立自记水位井确立具体方案,计划投资1 500~2 000元。

7月1日,陕西省西安水文水资源勘测大队来函同意雇用退休职工赵荣贤至汛期结束,工资补齐,津贴、奖励工资按站上标准发放。

10月15日,张家山水文站与礼泉县防汛指挥部联合在张家山水文站基本断面上、下各400 m设立河段标志碑。

12月,陕西省水文总站申报的"陕西省泾、洛、渭河及三门峡库区洪水预报方案研究"成果获陕西省人民政府三等奖、陕西省水利水保厅二等奖。

1990 年

2月16日,陕西省水文总站陕水文科字〔1990〕第002号《关于1988年、1989年优秀科技论文(成果)评选结果的通告》,张家山水文站完成的《张家山站堰闸试验分析报告》获得三等奖。

4月,陕西省水文总站水情科发布泾、洛、渭、黄河、汉江、嘉陵江等江河上12个主要控制站年径流量最大流量展望,包含有泾河张家山站。

4月15日,泾惠渠管理局通知对干支渠界桩进行了补埋,其中位于张家山水文站测验河道范围内有两个界桩。

8月5日,张家山水文站按陕西省水文总站安排,在泾惠渠大坝上完成了水位自记井的建设,投资4 100元。

11月,陕西省宝鸡水文大队、略阳水文站、张家山水文站被评为水利部先进集体。

1991 年

4月13日,陕西省西安水文水资源勘测大队任命王君善为张家山水文站副站长。

5月14日,张家山水文站因下属的礼泉、兴平两报汛雨量站位于县城,观测员无法确立,向水情科申请撤销报汛任务。后批复停止了礼泉报汛,保留兴平、通远坊、泾阳、南坊四站报汛任务。

9月6日，泾惠渠渠首张家山管理站向李仪祉塑像工程捐款35元。

10月11日，陕西省西安水文水资源勘测大队西水勘发字〔1991〕第27号《关于下达一九九一第二批水文站网改造费安排意见的通知》，给张家山水文站吊箱吊仪结合及绞车安装1.0万元，楼顶维修、门窗油漆、隔开办公室0.4万元。

本年，张家山水文站继续在泾惠渠大坝进行过坝系数试验观测工作，试验工作自1986年7月开始到1991年。

1992 年

1月，张家山水文站接用泾阳县王桥镇岳家坡村中自来水。

3月5日，陕西省水文总站制订下发了《关于深化劳动制度改革（试行）方案》，主要内容是：开展定员定岗，兴办经济实体，推行优化劳动组合择优上岗，妥善安置富余人员，允许职工停薪留职。

4月，中国水利电力工会组织调查组对全国水文系统进行了一次较大规模的调查，次年发表《困境与出路——关于全国水文系统当前主要困境问题的调查》，其中描述："陕西泾河张家山水文站工程师赵荣贤，1952年由四川大学毕业分配到陕西水文系统，40年来一直工作在基层水文站，现已退休。全家7口人挤在一孔20多平方米的窑洞里，既阴暗又潮湿，看到这种情形，许多同志不禁黯然落泪。"

5月25日，张家山水文站完成缆道控制改造工程，绞关控制台改为按钮控制，将观测窑延伸扩建为机房。

6月1日，张家山水文站架设天线，电台报汛。

8月10日，张家山水文站利用新架缆道测得2 380 m³/s洪峰，洪水测报中职工家属送饭、递瓜，全力配合测验工作。

10月13日，根据泾阳县土地管理局泾土籍〔1992〕9号《关于颁发国有土地使用证的通知》，陕西省水文总站张家山水文站领到土地证书。

水文经费不足，鼓励出外创收，张家山水文站河道斜坡混凝土水尺上职工刻画出"一生风雨山河中，老来何处了残生"，表达了对前途的迷茫。

1993 年

3月10日，张家山水文站与泾惠渠渠首管理站、船头村村民联合成立的沙石场开始生产。

3月，张家山水文站副站长王君善获得陕西省水利水保厅党组"陕西省水利青年十杰"称号。

4月26日，根据陕西省水文总站陕水文通计字〔1993〕第004号《关于认真做好一九九三年防汛水情通信工作的通知》，张家山水文站呼号为陕情3号，同年6月8日变更为平原37。

8月，因修建沙石场开展多种经营，张家山水文站对去河道观测窑跨泾惠渠钢桥进行拆除，采用用土石方垫路一条。

12 月 28 日,张家山水文站直接管理上级单位陕西省西安水文水资源勘测大队根据水利部人劳〔1992〕99 号和陕西省水文总站水文总字〔1993〕第 11 号文件更名为陕西省西安水文水资源勘测局,并从西安市灞桥区霸陵乡搬迁到长安县韦曲镇办公。

1994 年

3 月 25 日,根据陕西省水文总站陕水文人劳字〔1994〕第 005 号《关于表彰一九九三年先进集体和先进个人的决定》,张家山水文站荣获“先进集体”和“创收先进单位”两项荣誉。张家山站通过经营创收,给职工购买了自行车、煤气灶等物品。

4 月 27 日,根据陕西省水文总站陕水文通计字〔1994〕第 02 号《关于做好一九九四年防汛水情通信工作的通知》,张家山站本年度设立 80C 电台和超短波电台,站号 46535,呼号平原 37,开机时间 6 月 1 日至 11 月 1 日,定时联络时间 8 时,视水雨情变化增加联络时间。

7 月,张家山水文站副站长王君善响应上级号召创办经济实体,与泾惠渠渠首站、王桥镇船头村村民在站房附近创办筛石场,石料来源为河道采砂。

10 月,张家山水文站利用经营创收,购买摩托车 2 辆。

11 月,陕西省水文总站向张家山水文站配发 FT – 80C 电台。

1995 年

4 月 10 日,根据陕西省水文总站陕水文通计〔1995〕第 03 号《关于表彰一九九三、一九九四年防汛水情无线通信先进台站和先进个人的决定》,张家山水文站通讯台为 1993 年度先进台站,张书信为 1994 年先进个人。

6 月,经省编办(陕编办〔1995〕35 号)批准,陕西省水文总站更名为陕西省水文水资源勘测局,为县级事业单位。

7 月,张家山水文站安装 20 门程控电话,使周边张家山管理站、水泥厂、渠首、抽水站、观测房通上了电话。

8 月 18 日,陕西省西安水文水资源勘测局西水便人财第 35 号文批准,根据总站〔1993〕水文统计财字第 20 号文批复,将张家山站过泾惠渠钢桥处理 4 300 元,并在 1995 年改造费 3 万元中冲减。观测窑前水尺 5 700 元,自记井 4 000 元,护岸 14 000 元,自来水 3 960 元,观测房排水 300 元,差旅费 2 040 元。

1996 年

汛前陕西省水文水资源勘测局为泾河东庄水库工程前期设计工作应陕西省水利厅要求在张家山水文站上游泾河峡谷设立专用水文站。

7 月 28 日 17 时,张家山站出现洪峰 3 860 m³/s,洪峰流量由站长王君善在吊箱上实测,郑小宏控制台操作,王晓斌记载计算,宋小虎等人观测水位。本次所测洪峰为张家山站流速仪实测最大流量。

12 月 16 日,陕西省西安水文水资源勘测局给张家山水文站拨款 2 400 元购买 21 吋彩电 1 台,原 14 吋彩电调大峪水文站。

12 月 10 日,陕西省副省长王寿森在泾惠渠渠首考察时来到张家山水文站检查工作,副站长万宗耀做了汇报。

12月,黄河防汛总指挥部授予张家山水文站测工王晓斌"1996年度防汛先进个人"。

1997年

3月28日,岳家坡村精神病患者将张家山水文站河道观测窑门撬开,破坏了探海灯、分样器、线路、计算器、仪表、记速仪等物,损失8 305元。

4月15日,根据陕西省西安水文水资源勘测局西水勘发字〔1997〕第17号《关于启用新印章的通知》,陕西省水文总站张家山水文站公章改为陕西省水文水资源勘测局张家山水文站。

5月25日,泾惠渠渠首加坝加闸工程历经4年多建设全面竣工,工程建成后,张家山水文站泾河水流特性改变很大,测验工作量增加。

8月25～26日,陕西省水文水资源勘测局在汉中略阳水文站举办了水文职工技术比赛,张家山水文站选手王晓斌获得第一名,并被选派和王绥德一同代表陕西省参加11月在江苏南京举办的全国水利行业职业技能竞赛。

12月,张家山水文站组织职工收集泾河张家山站输沙率测验资料,进行输沙率停测分析。

本年,张家山水文站完成了标准化台站创建。

1998年

1月1日,根据陕西省水文水资源勘测局陕水文勘字〔1997〕第018号《关于下发〈陕西省水文水资源勘测局水文(位)站水文测验任务书〉的通知》,张家山水文站开始按新任务要求观测。

4月10日,张家山水文站向陕西省西安水文水资源勘测局上报《泾河张家山站历年单断沙关系分析报告》。该报告是在站长万宗耀主持下,收集1955～1997年泾河张家山站输沙率测验资料综合分析得出结论:张家山站单断沙关系稳定,可以停测输沙率。

5月22日凌晨1时,泾河张家山站出现有记载以来5月最大洪峰2 030 m^3/s。

6月11日,陕西省水文水资源勘测局陕水文勘测字〔1998〕第009号《关于泾河张家山水文站悬移质输沙率停测的批复》,批准从1998年6月起张家山水文站输沙率停测,以单样含沙量通过单断关系45°线推求断面平均含沙量。

11月,陕西省西安水文水资源勘测局在张家山、洑头、马渡王设立考点,进行职工B级上岗证考核。

12月28日,陕西省西安水文水资源勘测局在对1998年水文资料审查情况通报中指出,张家山水位流量关系受大坝加闸加高影响与历年趋势不符,应继续进行分析。

1999年

5月,上级开始用IC卡给张家山水文站职工发放工资。

7月6日,陕西省人民政府办公厅颁布了《关于加强水文工作的通知》。

7月9日,陕西省水利厅机关党委书记陈宗海、工会主席姜小军、水利工程咨询中心主任周炳章等人专程到防汛一线泾河景村水文站慰问,并赠送"钱江125"摩托车1辆。

8月13日,陕西省西安水文水资源勘测局下发西水文局字〔1999〕第43号《关于印发张家山水文站创建系统文明窗口站实施方案的通知》,投资3.0万元,新建灶房25 m²,对站院、办公房进行了整修、装修。

8月19日,王桥镇人民政府对张家山水文站在防汛工作中的积极配合写来感谢信。

11月,陕西水利厅、人事厅授予本年在汉中武侯镇举办的陕西省水文勘测工技能竞赛中获得第二名的张家山水文站职工王晓斌"陕西省水利行业技术能手"称号。

2000 年

4月,张家山水文站向全省水文站发出倡议书,倡议在全系统掀起一个比提高职工整体素质,测报整质量达全优,创收争先进,努力实现"三个三"工程的竞赛活动,得到麻街水文站、志丹水文站、石泉水文站、柴坪水文站的响应。

5月,张家山水文站安装JDZ-1固态存储雨量计进行雨量自动观测存储。

本月,陕西省水文水资源勘测局在全省水文系统开展"水文测验、报汛、资料整编技术一站通"活动,要求20%以上的站、70%以上的职工技术水平达到"一站通"。张家山水文站随即掀起了学习业务高潮。

6月21日,张家山水文站出现年最大流量437 m³/s。

7月,陕西省水文水资源勘测局开展"机关人员下基层锻炼活动",水资源处处长赵静等2人来张家山水文站进行了为期15 d的水文测验工作。

2001 年

4月15日下午4时左右,张家山水文站河道观测房发生失火事件,5间观测房被烧毁3间,张家山水文站职工及时进行扑救并报警。因道路狭窄,消防车无法到达,只能从河道提水灭火。6时许,陕西省西安水文水资源勘测局武宗仁局长来现场指导灭火。

6月15日,陕西省人民政府发布了《关于保护水文设施的通告》,使水文设施得到了依法保护。张家山水文站随即在站周边张贴宣传。

8月1日,陕西省西安水文水资源勘测局在全局开展水文知识竞赛活动,张家山水文站职工踊跃答题。

2002 年

7月26日,张家山站出现年最大含沙量872 kg/m³。

8月15日,张家山站出现年最大流量1 050 m³/s。

11月19日,泾阳县人民政府发《泾阳县人民政府转发省政府关于保护水文设施的通告的通知》,发至各乡(镇)政府有关部门,要求保护水文设施。

2003 年

3月5日,陕西省西安水文水资源勘测局下发西水文局字〔2003〕第05号《关于曹保前等同志职务任免的通知》,将张家山水文站站长曹保前调往马渡王水文站任站长,王海山任张家山水文站负责人。

5月10日,根据陕西省水文水资源勘测局陕水文发〔2003〕16号《关于做好预防非典和水文测报工作的通知》,张家山水文站购买了喷雾器、消毒液等预防物品。

8月26日,泾河张家山站出现3 610 m³/s的洪峰,洪峰出现在晚上,利用浮标测流。

10月23日起,陕西省西安水文水资源勘测局按照银行要求,将原发放职工工资用中国银行8开头长城人民币信用卡更换为有银联标识5开头的长城人民币信用卡。

12月28日,张家山水文站对基本水准点基₁利用三等水准测量进行了校测,引据点为总干03暗。

2004 年

5月,站长王海山出席全省水文工作暨四届二次职工代表大会。

6月7日,根据陕西省水文水资源勘测局陕水文办字〔2004〕19号《关于水准点引测、校测成果的批复》,张家山水文站基本水准点基₁高程得到批复,引据点为总干03暗。

8月20日,张家山站出现年最大含沙量807 kg/m³。

8月21日,张家山站出现年最大流量1 380 m³/s。

2005 年

7月1日,陕西省人民代表大会常务委员会颁布的《陕西省水文管理条例》实施。

7月12日,陕西省水文水资源勘测局为确保水文资料质量,防止和杜绝伪造涂改,节约表格,将悬移质水样处理记载表、流速仪测速测深记载及流量计算表、水面浮标测速测深记载及流量计算表、降水量观测记载表等4种表格进行了修改补充,并采用页码连号形式印制,让各站从7月1日起使用,使用时必须连号登记造册。

7月28日,泾阳县交通局发来拆迁通知书,要求张家山水文站将影响张家山旅游路工程的房屋两周内拆除。

2006 年

4月17日,张家山水文站安装语音报汛电话,利用新编码进行水情拍报。

4月27日,陕西省西安水文水资源勘测局下发〔2006〕第10号《关于表彰2005年度先进集体、先进工作者的决定》,张家山水文站被评为西安水文水资源勘测局"2005年度目标考评先进集体"。

5月23日,王桥至张家山水文站中国电信光缆被盗,改用电台发报。

6月12日,陕西省西安水文水资源勘测局在张家山水文站汛前检查时配发风扇2台。

11月18日,张家山旅游专线修建中,张家山水文站围墙外张家山电力抽水站干渠渡槽重新开始修建,涵洞拓宽。

12月5日,泾阳县交通局来人就修建张家山旅游专线需要拆除张家山水文站部分围墙一事进行协商。

2007 年

3 月 11 日,陕西省西安水文水资源勘测局西水局字〔2007〕06 号《关于下发西安水文局 2007~2008 年度人事聘任工作的通知》规定,张家山水文站编制 6 人,其中站长 1 人。

3 月 12 日,参加陕西省水利厅在岳家坡村张家山植树活动的陕西省水文水资源勘测局师光玉副局长来站看望职工。

2008 年

4 月,岳家坡村赵家沟将照明线路架设至张家山水文站院内,至此,张家山水文站站院始用村中农电,河道继续使用张家山电力抽水站灌溉用电。

5 月 12 日 14 时 28 分,四川汶川发生里氏震级 8.0 级地震,造成张家山水文站河道观测窑门口墙壁有细微裂缝。陕西省西安水文水资源勘测局办公室通知:晚 12 时前不能睡觉,12 时后必须有一个人警戒值班。

5 月 15 日,全站人员响应上级号召向地震灾区捐款,每人 50 元。

6 月 1 日,张家山水文站在河道浮标投放器旁栽电杆 1 根,用于洪水时接线照明。

6 月 4 日,按照陕西省西安水文水资源勘测局安排,因承揽的府谷县土地调查工作抽走景村站人员,由张家山水文站杨沛汉赴景村水文站支援工作,张新奎来张家山水文站支援工作。

8 月 15 日早 6 时,职工赵德有在关河道门时不慎将手指夹断,随后立即送往陕西省人民医院诊治,后又转到 321 医院治疗。

9 月,张家山水文站河道绞关损坏,陕西省西安水文水资源勘测局武宗仁局长来检查后,做出预算,拨款予以维修。

11 月 13 日,泾河上游甘肃境内一小型水库溃坝,并未形成洪水,但是沿途依然警戒,张家山水文站按上级要求 24 h 值守河道。

12 月 14 日,张家山水文站购 29 吋创维彩电 1 台,并购卫星接收锅 1 套。

2009 年

4 月 8 日,景村水文站站长王晓斌调张家山水文站任站长,本站王海山调景村水文站任站长。

5 月 4 日,陕西省水文水资源勘测局杨汉明局长在五四青年节上对年轻水文职工发表了讲话《珍惜时光、努力学习,为陕西水文现代化建设贡献力量》,勉励青年职工"为实现科技强局、技术立局尽职尽责,不断努力,不断奋斗"。

6 月 7~8 日,北京高考文综第 36 题以张家山水文站含沙量的来源进行命题。

7 月 23 日,陕西省水利厅陕水发〔2009〕58 号公布《陕西省水文资料使用管理办法》,自本年 8 月 1 日起实施。

7 月 28 日,张家山水文站对泾河北屯断面进行测量,绘制平面图,为张家山水文站迁站做准备,后因该处环境差而放弃。

9 月 22 日,扬州大学水利学院老师在陕西省水文水资源勘测局郑生民书记陪同下来张家山水文站调研。

10月10～13日,站长王晓斌代表陕西省水文职工参加了水利部水文局在北京举办的第三届全国优秀基层水文职工座谈会。

11月10～11日,张家山水文站下属泾阳观测点测到泾阳县城降雪40.7 mm,历史罕见。

11月,张家山水文站河道受到非法采砂的破坏,陕西省西安水文水资源勘测局领导多方求助当地政府,均没得到有效制止。

11月24日,站长王晓斌撰写的《泾阳县短历时暴雨强度公式分析研究》在水利部人事司举办的"水利行业技术工人技术技能论坛论文征集活动"中被评为优秀论文三等奖。

2010 年

4月26日,陕西省西安水文水资源勘测局下发西水局字〔2010〕26号《关于对王晓斌同志进行表彰的通报》,对于张家山水文站王晓斌撰写的论文《泾阳县短历时暴雨强度公式分析研究》在水利部组织的"水利行业技术工人技能论坛征集活动"中被评为优秀论文三等奖进行全局通报表彰,并奖励200元。

5月19日,陕西省水文水资源勘测局杨汉明局长一行来张家山水文站检查指导工作。

5月20日上午,陕西省水文水资源勘测局庞雷总工带队来张家山水文站检查汛前准备工作。

7月23日下午,张家山水文站王晓斌了解到泾河上游降大暴雨后,及时和上游暴雨区的泾河支流黑河张河水文站取得联系,并告知掌握的降雨信息,使该站有了测报大洪水的思想准备。随后张河站出现1 460 m³/s洪峰,其下游长武县亭口镇部分建筑被淹。因测报及时、准确,9月9日泾河支流黑河张河水文站被中共咸阳市委、市政府授予"抗洪抢险先进集体"。洪水过后,张河水文站陈小龙站长给张家山水文站打来电话表示感谢。

8月22日,张家山水文站河道视频网络线路沿过去旧电杆架设开通。

12月1日,陕西省水文水资源勘测局下发陕水文计发〔2010〕20号《关于下达张家山水文站改造建设工程投资计划的通知》,将对张家山水文站观测房、水文缆道等测验设施进行改造,配置雷达水位计等测报仪器。

2011 年

5月31日,张家山站更换河道动力线。

5月25日,张家山水文站职工对上游文泾水电站进行调查,调查发现文泾水电站泄水排沙对张家山站洪水有一定影响。

7月21日,张家山水文站河道测验设施改造工程正式开工建设,首先整修河道道路。

8月4日,陕西省防汛抗旱总指挥部以陕汛旱电〔2011〕12号给咸阳市防汛抗旱指挥部发去特急电《关于协调解决张家山水文站设施设备维修的函》,指出:"张家山水文站设施设备的维修是对原有河道水文缆道、水位观测设施、观测房等进行改造,不会对郑国渠遗址保护范围内造成破坏。现正值防汛关键时期,为保证水文测报工作的正常进行,请你市尽快协调泾阳县妥善解决,以利张家山水文站测报设施设备维修改造尽快完成,并将处理结果及时报省防办。"

8月29日,张家山水文站设施改造工程停工,施工队将所有物品运走,工人全部离开。

9月14~17日,陕西省水文水资源勘测局在汉中武侯镇举办了陕西省水文勘测工技能竞赛,张家山水文站选手王晓斌获得第一名。

9月28日,张家山水文站在泾阳县公安局办理了更换公章业务,29日在咸阳市原子印章厂进行了刻印。10月9日取到,并在中国农业银行更换了印章。

10月1日,新华社记者来张家山水文站采访水文职工国庆期间坚守岗位的工作情况。

2012 年

2月23日上午,陕西省水文水资源勘测局黄兴国书记来到泾河张家山水文站检查调研工作。

3月20日,张家山水文站将一架流速仪送往陕西省水文水资源勘测局下属西北水文仪器检测中心检定,其流速仪检定水槽,全长164 m,宽3 m,水深2.2 m,槽体由钢筋混凝土浇筑而成。检定车为自动推进式,重4 t,速度范围为0.01~6.0 m/s。除率定各类型流速仪外,还可以配合各大专院校、科研单位进行试验研究。

4月3日,大风吹断张家山水文站河道断面标志索,随后进行了重新架设。

4月26日,本站职工测量、站长王晓斌编写的《泾阳县张家山泉群流量测量及分析报告》通过咸阳市水利局组织的专家评审。

6月20日,咸阳市严维佳副市长带领咸阳市水利局、咸阳市发改委等相关部门负责人赴泾阳县调研张家山泉群供水项目,张家山水文站作为泉水流量测验方,由宋小虎进行泉水流量测验情况汇报。

6月26日上午,泾河下游桃园水文站卢新辰站长带领站上3名职工来张家山水文站参观交流。

10月26日,根据水利部〔2012〕第67号《关于公布国家重要水文站名录的公告》,泾河张家山、景村,泾河支流黑河张河站均列入国家重要站名录中。

11月14日,张家山河道安装雷达波水位计,并配有DEL电脑1台,在这之前,原先的接收机已经被拆除。

12月12日下午,张家山水文站王晓斌和千阳水文站刘莉代表水文系统职工应邀参加了陕西省第28期"公民进政府"活动,陕西省副省长祝列克在这次公民座谈会上讲话。

2013 年

1月,陕西省水文水资源勘测局开始第一批"理顺科级站长试点工作",任命了11名副科级水文站长,其中有张家山水文站王晓斌。

1月18日,陕西省水文水资源勘测局颁布的《陕西省水文水资源勘测局水文测验任务书(张家山水文站)》,本年2月1日开始实施,规定张家山站洪峰标准为1.5 m。

5月22日,陕西省水利厅办公室下发陕水办发〔2013〕30号《陕西省水利厅办公室关于开展水文化遗产补充调查工作的通知》,在"全省水文化遗产分布区域一览表"中,"张家山水文站测验断面及水尺"为调查内容之一。

5月23日,陕西省水文水资源勘测局师光玉副局长来到张家山水文站检查指导工作。

7月9日,张家山水文站职工王晓斌参加"邀请公民代表走进市政府"活动,作为第二批公民代表应邀走进西安市政府。通过参观政府部门,与市领导面对面交流,对政府工作有了新的认识。

7月31日23时至8月1日1时25分,张家山水文站上空出现强雷电,击毁河道赣州产LXD-1数字水文缆道测控系统中的控制台与计算机。

11月2日,张家山水文站站院改造工程开工。

11月4日凌晨,张家山水文站站院灶房门前塌陷,系原防空洞,对邻居侯新院家窑洞有所影响,赔偿500元,并对塌陷进行了回填。

2014 年

5月1日,历时6个月的张家山水文站站院改造结束。

7月19日,岳家坡村在张家山抽水站渠道跨旅游专线涵洞上安装治安视频监控摄像头,视频监控硬盘机安装在张家山水文站水情室,借用水文站计算机查看。

11月4日,张家山水文站启用新的办公电话。

11月,泾阳县张家山抽水站渠道改造,破坏张家山水文站门前道路,造成出行不便,8个月后才修复。

12月2日,张家山水文站河道设施改造动工,历时15 d对主索、吊箱、行车架、钢丝绳、偏角索进行了更换,对浮标投放器进行了重新架设。

12月18日,本站完成《泾河张家山站流量单值化分析报告》。

2015 年

3月1日,陕西省西安水文水资源勘测局给张家山水文站分配来两名职工,职工总数增至7人。

4月,泾阳县文物局同意张家山水文站对河道2间观测房进行修补,于是张家山水文站河道观测房动工改造。

6月,泾阳县国土资源局为张家山水文站补发土地使用证,原件交陕西省西安水文水资源勘测局保管。

6月8日,张家山水文站设立水准点2处。首次在气象场设立了水准点1处,在观测窑顶增设水准点1处。

7月,由张家山水文站王晓斌牵头,对张河、景村、淳化、张家山四站地形图进行测量,对水利工程进行调查,为水文测站考证收集资料。

8月13日,陕西日报记者来张家山水文站采访洪水测报情况。

9月8日,陕西省西安水文水资源勘测局张立新局长、郭添学总工来张家山水文站检查安全生产工作,并对张家山水文站河道观测房改造情况进行指导,对后期工作进行安排。

10月10日,张家山水文站完成了《泾河张家山站人工观测雨量与自动雨量计观测分析报告》、《渭河马庄站人工观测雨量与自动雨量计观测分析报告》、《渭河通远坊站人工观测雨量与自动雨量计观测分析报告》等3份报告,并上报陕西省西安水文水资源勘测局审核。

10月20日,张家山水文站完成的《泾河张家山(二)站电波流速仪系数分析报告》上报陕西省西安水文水资源勘测局,2016年2月25日陕西省水文水资源勘测局批复使用。

10月21日,陕西省三门峡库区水文水资源局陈富民副局长来张家山水文站调研,逢水文测站考证工作。

12月18日,陕西省西安水文水资源勘测局对张家山水文站3处水准点进行了测量,引据点为位于王桥的水准点。

12月,陕西省水文水资源勘测局决定加快水文事业改革发展,推进水文测验方式改革和创新,加快形成"创新引领,巡测优先,驻巡结合,测报自动,应急补充,科学规范"的监测管理体系。

本月,王晓斌编著的《张家山水文站志》(初稿)被西安水文局评为2015年度科技成果一等奖。

2016 年

3月21日,《张家山水文站工作手册》编写工作在陕西省西安水文水资源勘测局进行,局内其他水文站工作手册也一同开始编写。

5月1日,张家山水文站、景村水文站业务骨干4人,前往黄河水利委员会下属的泾河杨家坪水文站、马莲河雨落坪水文站座谈学习,促进了解,确保了以后水文工作及信息的交流。

5月3日,张家山水文站党员赴户县涝峪口水文站参加党员会议,进行"两学一做"承诺。承诺每位党员应亮明身份,工作扎实到位;汛前准备工作带头完成;库房、泥沙室整洁,站务日志、会议记录、心得体会齐全;日常工作做到"四随"。

5月20日,《张家山水文站工作手册》通过陕西省西安水文水资源勘测局审查,定稿打印。

7月2日,西安15名中小学生来张家山水文站进行为期3 d的水质考察及水环境保护体验。

7月7日,张家山测验河段出现采砂,张家山水文站及时向西安水文局、泾阳县防汛办等上级单位汇报,并联合泾阳县郑国渠遗址管理所报案,泾阳县王桥派出所出警,对采砂者进行了劝退。本次采砂过程中,张家山水文站水准点基$_1$被毁。

7月12日,泾河发生洪水,张家山测得年最大流量750 m^3/s。

8月16日,泾河发生洪水,张家山测得年最大含沙量962 kg/m^3,出现的沙峰是张家山站继1994年9月3日出现987 kg/m^3含沙以来的最大沙峰。

9月29日凌晨2时许,受阴雨影响,张家山站气象场西侧E601蒸发器及围栏处(下为防空洞)发生塌陷。上午,西安水文局张波副局长来现场就塌陷情况进行调查,并安排了维修事宜。

10月15日,陕西省水文水资源勘测局勘测处在张家山水文站气象场安装称重式自动蒸发器1套,开展自动蒸发观测试验。

10月20~21日,在陕西省西安水文水资源勘测局机关举办了水文业务培训暨水文规范知识竞赛中,本站王晓斌被选中参加陕西省水文水资源勘测局举行的水文规范知识竞赛。

11月8日,国际灌排委员会在泰国清迈召开了第二届世界灌溉论坛暨67届国际执行理事会,郑国渠入选世界灌溉工程遗产名单。

11月30日,站长王晓斌在泾阳县档案馆查阅档案时发现了1933年8月张家山管理处《呈报二十二年八月七、八、九三日泾河暴涨经过及渠洞冲毁淤情形由》,该文对泾河开展水文工作以来最大洪水测验情形有详细描述。

12月13日,陕西省西安水文水资源勘测局举办的全局15个测站水文原始资料记载及资料在站整编检查评比中,张家山水文站水位流量关系定线被评为三等奖。

12月20日,陕西省西安水文水资源勘测局刘腾宵副局长到张家山站实地查看河道自记水位计低水记录不到水位的问题,就维修方案进行了确定。

2017 年

1月20日,按照陕西省西安水文水资源勘测局命令,张家山水文站新增管理漠西(乾县)、阡东(礼泉县)2个常年水情(降水量)站。

2月19日,陕西省水文水资源勘测局勘测处王君善带领工人来站,为河道水位计探头重新安置伸缩悬臂,方便以后维护,同时增长了悬臂,使水位计能探测到水位。

3月10日,陕西省西安水文水资源勘测局李百全书记、张波副局长一行来站安排,站长王晓斌赴江苏省扬州大学参加"2017年水利部支持西部水文水资源专修班"为期100天的学习,站务由郭博峰代理。

3月13日,陕西省水文水资源勘测局下发陕水文发〔2017〕13号《陕西省水文水资源勘测局关于成立咸阳水文水资源勘测局的通知》,确定成立陕西省咸阳水文水资源勘测局,按照行政区划管理咸阳和杨凌范围内水文业务工作。根据文件要求,张家山水文站归新成立的陕西省咸阳水文水资源勘测局管理。

4月20日,陕西省水文水资源勘测局下发陕水文发〔2017〕27号《陕西省水文水资源勘测局关于王晓斌等二位同志任免职的通知》,免去王晓斌陕西省咸阳水文水资源勘测局张家山水文站站长职务,调陕西省西安水文水资源勘测局工作。

4月25日,陕西省西安水文水资源勘测局将位于咸阳市行政区域的张家山、景村、张河、淳化4站人、财、物正式移交给陕西省咸阳水文水资源勘测局。

参 考 资 料

[1]《陕西省水文志》,陕西省水文水资源勘测局,2007年10月;

[2]《中华人民共和国水文年鉴黄河流域水文资料》(泾河部分),水利部黄河水利委员会;

[3]《泾惠渠志》,三秦出版社,1991年;

[4]《从郑国渠到泾惠渠》,叶遇春,1991年;

[5]《泾惠渠报告书》,陕西泾惠渠管理局,民国二十三年十二月;

[6]《泾惠渠》,行政院新闻局印行,民国三十六年十月;

[7]《泾惠渠志稿》,高士蔼,1934年;

[8]《洛惠渠志》,陕西省人民出版社,1995年;

[9]《黄河水文志》,黄河水利委员会水文局,1996年8月;

[10]《黄河水文》,黄河水利出版社,1996年10月;

[11]《黄河历史洪水调查、考证和研究》,黄河水利出版社,2002年12月;

[12]《渭北引泾水利工程报告》,陕西渭北水利工程处,1932年;

[13]《中国水文志》,中国水利水电出版社,1997年12月;

[14]《咸阳大辞典》,陕西人民出版社,2008年1月;

[15]《泾阳县志》,陕西人民出版社,2001年8月;

[16]《高陵县志》,高陵县地方志编纂委员会,2000年;

[17]《穿越神秘的陕西》(美国)弗朗西斯·亨利·尼科尔斯1902年编著,史红帅2008年编译;

[18]《甘肃省志·第二十三卷·水利志》,甘肃省地方志编纂委员会,1988年;

[19]《平凉地区水利志》,平凉地区水利志编纂领导小组,1997年;

[20]《沟洫佚闻杂录(陕山地区水利与民间社会调查资料集)》,中华书局,2003年;

[21]《中国之雨量》,资源委员会印行,1936年;

[22]《农田水利学》,商务印书馆,1935年;

[23]《水文测验》,行政院新闻局,1948年;

[24]《李仪祉先生纪念刊》,国立西北农林专科学校水利组,1938年;

[25]《黄河人文志》,河南人民出版社,1994年;

[26]《中国华洋义赈救灾总会丛刊甲种第四十三号民国二十三年赈务报告》,中国华洋义赈救灾总会, 1935年;

[27]《法国汉学(第九辑)——军阀和国民党时期陕西省的灌溉工程与政治》,Pierre-Etienne WILL(魏丕 信),2004年;

[28]《引泾工程计划及工程进度》,中国建设月刊(南京),1932年第4期;

[29]《引泾水利工程之前因與其進行之近况》,山东省建设月刊,1931年第7期;

[30]《引泾报告书第一期》,陕西渭北水利工程局,1934年1月;

[31]《泾惠渠十五年》,陕西省水利局,1947年;

[32]《黄河流域水文特征值统计 第7册 1919—1970年》,水利电力部黄河水利委员会革命委员会, 1975年;

[33]《黄河流域水文特征值统计 第8册 1919—1970年》,水利电力部黄河水利委员会革命委员会, 1975年;

[34]《李仪祉水利论著选集》,黄河水利委员会,1988年11月;

［35］《郑国渠》,蒋超,2017 年 1 月;

［36］《黄河流域的降水》,叶笃正,1956 年 8 月;

［37］《水文学史》,（加）Asit K. Biswas 著,科学出版社,2007 年 7 月;

［38］《灌溉管理规章制度汇编》,陕西省泾惠渠管理局,1983 年 1 月;

［39］《陕西省水利局报告书》,李协,1923 年;

［40］《泾惠渠近况报告书》,渭北水利工程处,1933 年;

［41］《陕西省政府公报》,1930、1931 年;

［42］《水文测验施测方法》,陕西省水利局,1950 年;

［43］《水文测验规范》,经济部水工试验所,1941 年;

［44］《国民政府黄河水利委员会研究》,胡中升,2015 年 12 月。

后　记

1949 年我的父亲光着脚给别人放羊的时候,新中国成立了,随后他光荣参军,后来转业到水文站,父亲退休时我顶班参加了水文工作到现在。

1995 年 5 月,我从泾河中游的家乡长武县怀着忐忑和新奇的心情来到泾河下游泾阳县的张家山水文站工作,这里留给我很多深刻的记忆,也给予了我很多。是这份工作造就了我的家庭和我个人的发展,内心由衷地感谢这份工作,因此发自内心地要为这份工作努力,要为这份工作做点什么!

于是从 2009 年到 2019 年的 10 余年间,在工作之余,收集关于张家山水文站的各类史料,编撰了这本书。其间,我曾多次往返于省、市、县各类档案馆及相关单位,甚至远赴外省收集史料,还购买了大量相关资料,参考了 200 多部与泾河及张家山水文站相关的书籍。奔赴多地请教了十多位在张家山水文站工作过的退休老职工、民国时期水文站负责人的后人及相关人员,力求全面、翔实地反映张家山水文站历史的变迁,以及几代水文工作者为这条滋养了当地百姓母亲河所做的付出和努力。

通过对张家山水文站设立和发展研究,收集了大量张家山站观测的资料,弥补了《中华人民共和国水文年鉴》中的一些不足,其中有:收集到张家山站 1932 年、1933 年两年的降水量值,1934 年逐月降水量表(《中华人民共和国水文年鉴》收录的张家山站降水量从 1934 年起,且 1934 年雨量不全);1931 年张家山站年最大流量(《中华人民共和国水文年鉴》收录的张家山站最大流量从 1932 年起),延长了水文资料系列。收集到 1922～1924 年部分水位、流量、含沙量、降水量、蒸发量资料(《中华人民共和国水文年鉴》无收录),对水文资料系列分析有参考作用。并对现有(1932～2017 年)最高水位、最大流量、最小流量、年降水量等水文要素进行了重新统计。

在整部书稿编写过程中,我利用了大量业余时间,很多节假日虽然在家却因忙于整理资料而疏忽家庭事务。妻子对我这个经常缺席的成员给予了充分的包容,令我心怀感动,也有了坚持下去的动力和勇气。

本书最终能够完成,首先源于母亲身上坚强的毅力和持久的耐心对我自幼的影响和指引;其次要感谢很多和我一样,远离家庭、坚守水文测站的同行,特别是张家山水文站的同事,他们给我提供了很多基层水文站工作的素材,正是他们的奉献和敬业精神感动着我、激励着我。

在本书编写、出版过程中,得到了诸多领导、同事、朋友以及省内外各界热心人士的帮助、指导,在此特别感谢!大家的帮助我都做了记录,为自己以后继续前行指明了方向。

中国文化中关于水的描述,大到治国"民为水,君为舟,水亦能载舟,又能覆舟",小到做人"上善若水,水善利万物而不争";而对于水患的治理则可上溯到三皇五帝时期"大禹治水三过家门而不入";到当代的抗洪精神"万众一心、众志成城,不怕困难、顽强拼搏,坚韧不拔、敢于胜利"。泾河作为陕西关中地区的生命之河,黄河水系输沙量最大的二级支流,千百年来不知有多少人为之付出和牺牲,从"郑国渠"到"泾惠渠",从李仪祉先生到当代水文工作者,他们所做的正是让这生命之河真正成为利民之河、载舟之水。

张家山水文站作为泾河出口控制水文站、一类精度水文站、国家重要水文站,有悠久的历史,其建立和发展凝聚了很多人的心血,相关史料高度分散,虽经努力收集,然而能力有限,仍有很多不足,还望各位读者不吝指正,我必虚心接受,力求完善。

鉴于公开出版,对于涉及行业规定的部分水文资料、图表进行了处理甚至删减。

作 者

2019 年 7 月